畜禽养殖主推技术丛书

粪污处理主推技术

郑久坤　杨军香　主编

中国农业科学技术出版社

图书在版编目 (CIP) 数据

粪污处理主推技术 / 郑久坤，杨军香主编 . — 北京 ：中国农业科学技术出版社，2013.6

（畜禽养殖主推技术丛书）

ISBN 978-7-5116-1227-4

Ⅰ . ①畜… Ⅱ . ①郑… ②杨… Ⅲ . ①畜禽－粪便处理 Ⅳ . ① X713

中国版本图书馆 CIP 数据核字 (2013) 第 041441 号

责任编辑 闫庆健 李冠桥
责任校对 贾晓红

出 版 者 中国农业科学技术出版社
北京市中关村南大街 12 号 邮编：100081
电 话 (010) 82106632（编辑室）(010) 82109704（发行部）
(010) 82109709（读者服务部）
传 真 (010) 82106625
网 址 http://www.castp.cn
经 销 商 各地新华书店
印 刷 者 北京顶佳世纪印刷有限公司
开 本 787 mm × 1 092 mm 1/16
印 张 9.25
字 数 219 千字
版 次 2013 年 6 月第 1 版 2017 年 11 月第 5 次印刷
定 价 39.80 元

编委会

Preface 前言

当前我国畜禽养殖正在发生深刻变化，大量分散养殖户正加速退出，规模化养殖发展迅猛。养殖方式发生的变化，也给畜牧业发展带来新的问题和挑战。尤其是规模化养殖场不断增加，单个养殖场养殖规模不断扩大，养殖场粪污集中排放，成为影响养殖场及周边环境质量，增加畜产品质量安全风险的重要隐患。规模养殖场的粪污处理问题已经引起了社会公众、主管部门和养殖企业的高度关注和重视。

2009 年以来，农业部在全国组织开展了畜禽养殖标准化示范创建活动，提出了规模养殖场要实现“粪污处理无害化”的要求。3 年来，经过各地的共同努力，畜禽养殖标准化示范创建活动不断推向深入，各地围绕“粪污处理无害化”的要求，在示范场推广应用了一批粪污处理技术，取得了较好的效果。但是粪污的无害化处理因各地情况不同、畜禽粪污特点各异，有效处理与综合利用的难度不小，有些地方在推广应用粪污处理技术的过程中，也存在着技术路线不正确、技术要领不准确、技术措施不到位的问题，因此，总结不同畜禽规模养殖场成功的粪污处理技术，向更多的养殖场进行推广普及是当前推进标准化规模养殖、实现粪污处理无害化的必然要求。

回顾人类几千年的养殖历史，畜禽粪污始终是农业生产的重要肥料资源。只是近年来随着规模养殖水平不断提高、人力资源成本不断高涨、农业生产机械化程度不断加强，才打破了这种规律和平衡，其结果是一方面土壤有机质水平不断下降，农业面源污染不断加重，另一方面畜禽养殖成为农村的主要污染源之一。畜禽粪污因为集中才成为问题，因为量大才难处理。总体上讲，粪污是放错了地方的资源，因此，坚持用循环经济的理念，推进农牧业结合，将畜禽粪污进行资源化利用，应当作为粪污处理和利用技术的基本立场和出

前言 Preface

发点，粪污主推技术选择的基本原则。

全国畜牧总站组织各省（自治区、直辖市）畜牧总站、高校、研究院所的专家20余人，经过会议讨论、现场调研考察等途径，深入了解分析制约我国标准化养殖健康发展的关键问题，认真梳理养殖场粪污处理方面的技术需求，总结归纳了大量的典型案例，从而编写了《粪污处理主推技术》一书，目的就是要总结当前生产中应用较广、运转可行、推广应用价值较高的粪污资源化利用和无害化处理技术，并集结成册，为全国各地畜牧技术推广人员提供技术指导手册，为广大规模养殖场提供实用技术应用指南。该书从畜禽粪污形成的基本特点和处理的基本原则入手，根据粪污形成特点，把规模养殖场分为猪、牛、鸡和羊四大类型，分别对其粪污处理的主推技术进行系统集成，按照技术名称、技术特点、技术内容和应用实例的结构层次，进行表述，其中穿插了大量的实际应用的图片，便于读者理解和掌握。

该书图文并茂，内容深入浅出，介绍的技术具有先进、适用的特点，既能让使用者熟练掌握不同畜禽品种养殖场的粪污处理技术，又能让技术人员了解粪污处理的原理，有利于在实践中结合各地实际，因地制宜进行创新。

参与本书编写工作的有各省畜牧技术推广部门、科研院校的专家学者，在编写过程中查阅了有关省、自治区的部分资料，在此表示感谢！由于编写时间仓促，书中难免有疏漏之处，请读者批评指正。我们真诚地希望通过大家的共同努力，加快破解畜牧业粪污处理难的问题。

编者

2013年3月

Contents 目录

目录 Contents

Contents 目录

目录 Contents

第一章 粪污的形成和特性及其处理利用

粪污是指畜禽养殖过程中产生的废弃物，包括粪、尿、垫料、冲洗水、动物尸体、饲料残渣和臭气等。由于废弃物中垫料和饲料残渣所占比重很小，动物尸体通常是单独收集和处理，臭气产生后即挥发，粪污中的这些物质将暂不予考虑，本书主要考虑畜禽粪、尿及其与冲洗水形成的混合物。

第一节 粪污的形成和特性

一、粪污的形成

1. 粪的形成

动物采食饲料，摄入的水、蛋白质、矿物质、维生素等营养物质在动物消化道内经过物理、化学、微生物等一系列消化作用后，将大分子有机物质分解为简单的、在生理条件下可溶解的小分子物质，经过消化道上皮细胞吸收而进入血液或淋巴，通过循环系统运输到全身各处，被细胞所利用。

动物饲料中的营养物质并不能全部被动物体消化和吸收利用。动物消化饲料中营养物质的能力称为动物的消化力。动物种类不同、消化道结构和功能亦不同，对饲料中营养物质的消化既有共同的规律，也存在不同之处。

各种动物对饲料的消化方法无外乎物理性消化、化学性消化和微生物消化。物理性消化主要靠动物口腔内牙齿和消化道管壁的肌肉运动把饲料撕碎、磨烂、压扁，为胃肠中的化学性消化、微生物消化做好准备；化学性消化主要是借助来源于唾液、胃液、胰液和肠液的消化酶对饲料进行消化，将饲料变成动物能吸收的营养物质，反刍与非反刍动物都存在着酶的消化，但是非反刍动物酶的消化具有特别重要的作用；微生物消化对反刍动物和草食单胃动物十分重要，反刍动物的微生物消化场所主要在瘤胃，其次在盲肠和大肠，草食单胃动物的微生物消化主要在盲肠和大肠，消化道微生物是这些动物能大量利用粗饲料的根本原因。

当然，各类动物的消化也各具特点。非反刍动物，主要有猪、马、兔等，其消化特点主要是酶的消化，微生物消化较弱；猪饲粮中的粗纤维主要靠大肠和盲肠中微生物发酵消化，消化能力较弱；反刍动物，主要有牛、羊，其消化特点是前胃（瘤胃、网胃、瓣胃）以微生物消化为主，主要在瘤胃内进行，饲料在瘤胃经微生物充分发酵，其中，70% ～ 85% 的干物质和 50% 的粗纤维在瘤胃内消化，皱胃和小肠的消化与非反刍动物类似，主要是酶的消化；禽类对饲料中养分的消化类似于非反刍动物猪的消化，不同的是禽类口腔中没有牙齿，靠喙采食饲料，喙也能撕碎大块食物。禽类的肌胃壁肌肉坚厚，可对饲料进行机械磨碎，肌胃内的砂粒更有助于饲料的磨碎和消化。禽类的肠道较短，饲料在肠道中停留时间不长，所以酶的消化和微生物的发酵消化都比猪的弱。未消化的食物残渣和尿液，通过泄殖腔排出。

由于不同动物的消化特点，不同动物因消化力不同，对同一种饲料的消化率亦不同（表1-1）；不同种类的饲料，因可消化性不同，同一种动物对其消化率也不同。

表 1-1　不同动物消化力的差别（%）

动物	有机物质	粗蛋白质	粗脂肪	粗纤维	无氮浸出物
青苜蓿					
牛	65	78	46	44	74
绵羊	63	75	35	44	72
马	60	79	23	35	73
猪	66	71	0	43	76
玉米籽实					
牛	87	75	87	19	91
绵羊	94	78	87	30	99
马	94	87	81	65	97
猪	88	56	46	21	69

资料来源：杨凤（2004）

饲料中未被消化的剩余残渣，以及机体代谢产物和微生物等在大肠后段形成粪便。粪中所含各种养分并非全部来自饲料，有少量来自消化道分泌的消化液、肠道脱落细胞、肠道微生物等内源性产物。

2. 尿的形成

动物生存过程中，水是一种重要的营养成分。动物体内的水分布于全身各组织器官及体液中，细胞内液约占 2/3，细胞外液约占 1/3，细胞内液和细胞外液的水不断进行交换，维持体液的动态平衡。不同动物体内水的周转代谢的速度不同，用同位素氚测得牛体内一半的水 3.5 天更新一次。非反刍动物因胃肠道中含有较少的水分，周转代谢较快。各种动物水的周转受环境因素（如温度、湿度）及采食饲料的影响。采食盐类过多，饮水量增加，水的周转代谢也加快。

尿液是动物排泄水分的重要途径，通常随尿液排出的水可占总排水量的一半左右。消化系统吸收的水分、矿物质、消化产物等通过循环系统运输到全身各处，细胞产生的代谢废物（主要有水分、尿素、无机盐等）通过泌尿系统形成尿液，排出体外。

尿的生成是在肾单位中完成的，由肾小球和肾小囊内壁的滤过、肾小管的重吸收和排泄分泌等过程而完成的，它是持续不断的，而排尿是间断的。血液流经肾小球时除大分子蛋白质和血细胞，血液中的尿酸、尿素、水、无机盐和葡萄糖等物质通过肾小球和肾小囊内壁的过滤作用，过滤到肾小囊腔中，形成原尿。当尿液流经肾小管时，原尿中对动物体有用的全部葡萄糖、大部分水和部分无机盐，被肾小管重新吸收，回到肾小管周围毛细血管的血液里。原尿经过肾小管的重吸收作用，剩下的水和无机盐、尿素和尿酸等就形成了尿液。将尿生成的持续性转变为间断性排尿，这是由膀胱的机能完成的。尿由肾脏生成后经输尿管流入膀胱，在膀胱中贮存，膀胱是一个囊状结构，位于盆腔内。当贮积到一定量之后，就会产生尿意，在神经系统的支配下，由尿道排出体外。

尿液排出的物质一部分是营养物质的代谢产物；另一部分是衰老的细胞破坏时所形成的产物，此外，排泄物中还包括一些随食物摄入的多余物质，如多余的水和无机盐类。

肾脏排尿量又受脑垂体后叶分泌的抗利尿激素控制。动物失水过多，血浆渗透压上升，刺激下丘脑渗透压感受器，反射性地影响加压素的分泌。加压素促进水分在肾小管内的重吸收，尿液浓缩，尿量减少。相反，在大量饮水后，血浆渗透压下降，加压素分泌减少，水分重吸收减弱，尿量增加。此外，醛固酮激素在增加对钠离子重吸收的同时，也增加对水的重吸收，醛固酮激素的分泌主要受肾素－血管紧张素－醛固酮系统及血钾离子、血钠离子浓度对肾上腺皮质直接作用的调节。

动物摄入水量增多，尿的排出量则增加。动物的最低排尿量取决于必须排出溶质的量及肾脏浓缩尿液机制的能力。不同动物由尿排出的水分不同。禽类排出的尿液较浓，水分较少；大多数哺乳动物排出的水分较多。不同动物尿液浓度的近似值为牛 1.3 摩尔／升、兔 1.9 摩尔／升、绵羊 3.2 摩尔／升。肾脏对水的排泄有很大的调节能力，一般饮水量越少、环境温度越高、动物的活动量越大，由尿排出的水量就越少。

3. 冲洗水

冲洗水是畜禽养殖过程中清洁地面粪便和尿液而使用的水，冲洗水与被冲洗的粪便和尿液形成混合物进入粪污处理系统。

冲洗水的使用量与畜禽粪污的清理方式有关，目前主要清理方式有干清粪、水冲清粪和水泡粪。

干清粪是采用人工或机械方式从畜禽舍地面收集全部或大部分的固体粪便，地面残余粪尿用少量水冲洗，冲洗水量相对较少。

水冲清粪是从粪沟一端的高压喷头放水清理粪沟中粪尿的清粪方式。水冲清粪可保持猪舍内的环境清洁、劳动强度小，但耗水量大且污染物浓度高，一个万头猪场每天耗水量在 200 ～ 250 立方米，粪污化学需氧量（COD）在 15000 ～ 25000 毫克／升，悬浮固体（SS）在 17000 ～ 20000 毫克／升。

水泡粪主要用于生猪养殖，是在猪舍内的排粪沟中注入一定量的水，粪尿、冲洗和饲养管理用水一并排放缝隙地板下的粪沟中，储存一定时间后，打开出口的闸门，将沟中粪水排出。水泡粪比水冲粪工艺节省用水，但是由于粪污长时间在猪舍中停留，形成厌氧发酵，产生大量的有害气体，如 H_2S（硫化氢），CH_4（甲烷）等，恶化舍内空气环境，危及动物和饲养人员的健康。粪污的有机物浓度更高，后处理也更加困难。

二、粪污的形态

粪污的形态根据其中的固体和水分含量进行区分：直观上，粪污主要以固体和液体两种不同形态存在；如果按照粪污中固体物含量多少，则可将其形态进一步细分成固体、半固体、粪浆和液体，这 4 种形态的固体物含量分别为＞ 20%、10% ～ 20%、5% ～ 10%、和＜ 5%。由于畜禽种类不同，生理代谢过程不同，所排泄粪便的干湿程度和尿液的多少也有所差别，因而排泄时粪污的状态也不相同（图 1-1）。粪污的相邻形态之间，如粪浆和半固体之间，并没有明显的分界线。

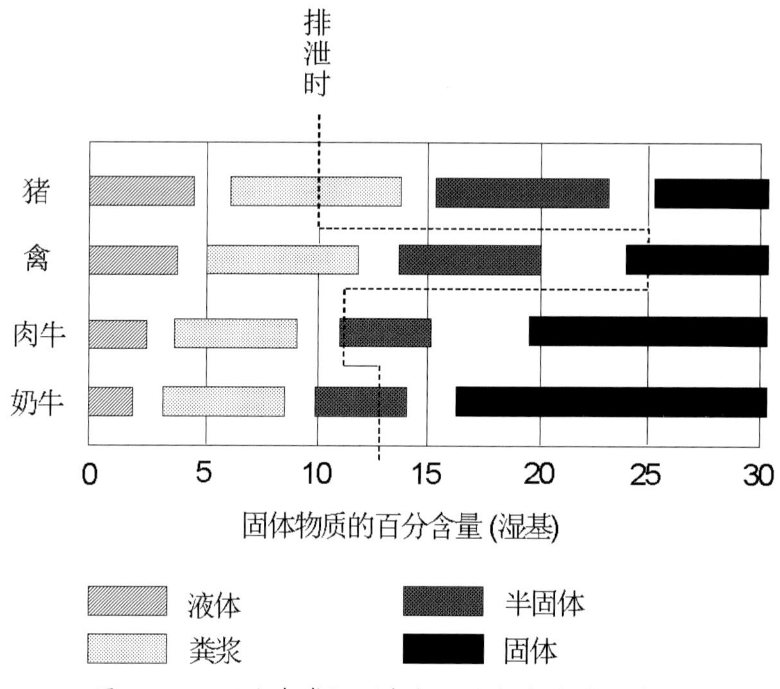

图 1-1　不同畜禽粪污形态与固体物含量对应关系

当粪污受到外界环境影响，其中的固体物含量或水分含量发生变化时，可能从一种形态转变成另一种形态，另外，动物品种、饲喂日粮、垫草的类型和数量等因素都可能影响粪污的形态。

三、粪污量的影响因素

畜禽粪污由粪便、尿液以及冲洗水组成，因此，任何影响粪便、尿液和冲洗水量的因素也势必影响粪污的产生量。

1. 粪便量的影响因素

由于粪便由饲料中未被消化的剩余残渣、机体代谢产物和微生物等组成，因此，凡是影响动物消化生理、消化道结构及其机能和饲料性质的因素，都会影响粪便量。

（1）畜禽种类、年龄和个体差异

不同种类的畜禽，由于消化道的结构、功能、长度和容积不同，因而对饲料的消化力不一样。一般来说，不同种类动物对粗饲料的消化率差异较大，牛对粗饲料的消化率最高，其次是羊，猪较低，而家禽几乎不能消化粗饲料中的粗纤维。

畜禽从幼年到成年，消化器官和机能发育的完善程度不同，对饲料养分的消化率也不一样（表 1-2）。蛋白质、脂肪、粗纤维的消化率随动物年龄的增加而呈上升趋势，但老年动物因牙齿衰残，不能很好磨碎食物，消化率又逐渐降低。

表 1-2 不同年龄猪对各种养分的消化率（%）

月龄	有机物	粗蛋白质	粗脂肪	粗纤维	无氮浸出物
2.5	80.2	68.2	63.6	11.0	89.4
4.0	82.1	72.0	45.4	39.4	90.5
6.0	80.9	73.6	65.0	36.9	88.1
8.0	82.8	76.5	67.9	36.4	89.8
10.0	83.4	77.6	72.6	35.1	90.2
12.0	84.5	81.2	74.5	46.2	90.1

资料来源：杨凤（2004）

同一品种、相同年龄的不同个体，因培育条件、体况、用途等不同，对同一种饲料养分的消化率也有差异。

畜禽处于空怀、妊娠、哺乳、疾病等不同的生理状态，对饲料养分的消化率也有影响。一般而言，空怀和哺乳状态动物的消化率比妊娠动物好，健康动物对饲料的消化率比生病动物要好。

（2）饲料种类及其成分

不同种类和来源的饲料因养分含量及性质不同，可消化性也不同。一般幼嫩青绿饲料的可消化性较高，干粗饲料的可消化性较低；作物籽实的可消化性较高，而茎秆的可消化性较低。

饲料的化学成分以粗蛋白质和粗纤维对消化率的影响最大。饲料中粗蛋白质愈多，消化率愈高；粗纤维愈多，则消化率愈低。

饲料中的抗营养物质有：影响蛋白质消化的抗营养物质或营养抑制因子有蛋白质酶抑制剂、凝结素、皂素（皂苷）、单宁、胀气因子等；影响矿物质消化利用的有植酸、草酸、棉酚等，如饲料中磷与植酸结合形成植酸磷，猪缺乏植酸酶，很难对其进行消化，因此，植物性饲料中的大多数磷都通过粪便形式排出（表 1-3）；影响维生素消化利用的抗营养物质有脂肪氧化酶、双香豆素、异咯嗪。各种抗营养因子都不同程度地影响饲料消化率。

表 1-3 饲料中磷的含量和消化率

原料	饲料中磷含量（%）	磷的可消化率（%）
大麦	0.35	39
小麦	0.35	47
玉米	0.30	16
豌豆	0.40	47
豆饼粉	0.70	40
玉米面筋粉	0.70	20
木薯粉	0.15	10
肉骨粉	5.50	80

资料来源：中国农业大学（1997）

（3）饲料的加工调制和饲养水平

饲料加工调制方法对饲料养分消化率均有不同程度的影响。适度磨碎有利于单胃动物对饲料干物质、能量和氮的消化；适宜的加热和膨化可提高饲料中蛋白质等有机物质的消化率。粗饲料用酸碱处理有利于反刍动物对纤维性物质的消化（表 1-4）；凡有利于瘤胃发酵和微生物繁殖的因素，皆能提高反刍动物对饲料养分的消化率。

表 1-4 碱化处理对秸秆消化率的影响（%）

营养物质	未经处理	处理时间（小时）				
		1.5	3.0	6.0	12.0	72.0
有机物	45.7	59.3	70.3	70.3	71.2	73.1
粗纤维	58.0	69.2	79.8	79.8	80.3	72.3
无氮浸出物	40.2	48.1	57.6	57.3	60.3	78.5

资料来源：杨凤（2004）

饲养水平过高或过低均不利于饲料的转化。饲养水平过高，超过肌体对营养物质的需要，过剩的物质不能被肌体吸收利用，反而增加畜禽能量的消耗，如蛋白质每过量 1%，可供猪利用的有效能量相应减少约 1%。相反，饲养水平过低，则不能满足肌体需要而影响其生长和发育。以维持水平或低于维持水平饲养，饲料养分消化率最高，而超过维持水平后，随饲养水平的增加，消化率逐渐降低（表1-5）。饲养水平对猪的影响较小，对草食动物的影响较明显。

表1-5 不同饲养水平对消化率的影响（%）

动物	1倍维持水平	2倍维持水平	3倍维持水平
阉牛	69.4	67.0	64.6
绵羊	70.0	67.7	65.5

资料来源：杨凤（2004）

2. 尿量的影响因素

畜禽的排尿量受品种、年龄、生产类型、饲料、使役状况、季节和外界温度等因素的影响，任何因素变化都会使动物的排尿量发生变化。

（1）动物种类

不同种类的动物，其生理和营养物质特别是蛋白质代谢产物不同，影响排尿量。猪、牛、马等哺乳动物，蛋白质代谢终产物主要是尿素，这些物质停留在体内对动物有一定的毒害作用，需要大量的水分稀释，并使其适时排出体外，因而产生的尿量较多；禽类体蛋白质代谢终产物主要是尿酸或胺，排泄这类产物需要的水很少，尿量较少，成年鸡昼夜排尿量60～180毫升。某些病理原因常可使尿量发生显著的变化。

（2）饲料

就同一个体而言，动物尿量的多少主要取决于肌体所摄入的水量及由其他途径所排出的水量。在适宜环境条件下，饲料干物质采食量与饮水量高度相关，食入水分十分丰富的牧草时动物可不饮水，尿量较少；食入含粗蛋白质水平高的饲粮，动物需水量增加，以利于尿素的生成和排泄，尿量较多。出生哺乳动物以奶为生，奶中高蛋白含量的代谢和排泄使尿量增加。饲料中粗纤维含量增加，因纤维膨胀、酵解及未消化残渣的排泄，使需水量增加，继而尿量增加。

另外，当日粮中蛋白质或盐类含量高时，饮水量加大，同时尿量增多；有的盐类还会引起动物腹泻。

（3）环境因素

高温是造成畜禽需水量增加的主要因素，最终影响排尿量。一般当气温高于30℃，动物饮水量明显增加，低于10℃时，需水量明显减少。气温在10℃以上，采食1千克干物质需供给2.1千克水；当气温升高到30℃以上时，采食1千克干物质需供给2.8～5.1千克水；产蛋母鸡当气温从10℃以下升高到30℃以上时，饮水量几乎增加两倍。虽然高温时动物体表或呼吸道蒸发散热增加，但是，尿量也会发生一定的变化。外界温度高、活动量大的情况下，由肺或皮肤排出的水量增多，导致尿量减少。

3. 冲洗水量影响因素

冲洗水量主要取决于畜禽舍的清粪方式。

（续表）

动物	采食量（千克 / 年）		吸收量（千克 / 年）		排泄量（千克 / 年）		无机氮比例（%）
蛋鸡 1	1.2	0.3	0.4	0.0	0.9	0.2	82
蛋鸡 2	0.6	0.2	0.1	0.0	0.5	0.1	70
肉鸡 1	1.1	0.2	0.5	0.1	0.6	0.1	83
肉鸡 2	0.4	0.1	0.1	0.0	0.3	0.1	60

资料来源：（Steinfeld，2006）；1 高产状态；2 低产状态

美国普渡大学在印第安纳州对不同畜禽养殖场的贮存粪污进行长期采样分析，不同畜禽的粪污中养分含量如表 1-10 所示。

表 1-10　不同畜禽粪污特性

单位动物产生量		养分含量（千克 / 立方米）			
畜禽品种	产生量（立方米 / 年）	总氮	NH_4	P_2O_5	K_2O
		猪			
分娩猪（母带仔）	5.30	1.80	0.90	1.44	1.32
保育仔猪	0.49	3.00	1.68	2.40	2.64
生长和育肥猪	2.01	3.92	2.28	3.17	3.24
种猪或妊娠猪	1.89	3.00	1.44	3.72	3.24
		奶牛 / 肉牛			
成年奶牛	22.71	3.72	0.78	1.80	2.28
青年奶牛	11.36	3.83	0.72	1.68	3.36
奶牛犊	2.65	3.24	0.60	1.68	2.88
肉牛犊	1.51	3.18	2.52	2.64	4.79
肉母牛	13.63	2.40	0.84	1.92	2.88
架子牛	5.87	3.24	0.96	2.16	2.88

（续表）

单位动物产生量		养分含量（千克/立方米）			
畜禽品种	产生量（立方米/年）	总氮	NH_4	P_2O_5	K_2O
育肥牛	11.73	3.48	0.96	2.16	3.12
家禽					
肉用仔鸡	0.04	7.55	1.56	4.79	3.48
产蛋龄前母鸡	0.04	7.19	1.44	4.19	3.60
蛋鸡	0.06	7.19	1.56	5.39	3.36
雄火鸡	0.13	6.35	1.92	4.79	3.52
雌火鸡	0.11	7.19	2.40	4.55	3.85
鸭	0.11	2.64	0.60	1.80	0.96

数据来源：董红敏和陶秀萍（2009）

牛粪污中近50%的氮以有机形式存在，有机氮只有被矿化后才能被植物吸收，但粪污中的无机氮（氨氮）能被植物直接吸收利用；粪便中部分磷以有机形式存在，必须经过分解矿化后才能被植物吸收。畜禽粪便中钾通常为无机养分，几乎完全为有效钾，能直接被植物利用。

第二节　粪污处理利用基本思路

粪污中含有多种成分未经过处理而直接排放，将对环境造成污染；但是如果经过无害化处理后，粪污中的多种成分能转变成植物生长需要的养分，成为有用的资源。从上节内容可知，粪便和污水中氮、磷等含量与饲料养分代谢有关、污水量受生产管理环节因素的影响，因此，畜禽粪污处理利用应综合考虑粪污的来源、影响因素、利用价值以及处理成本等，基于以下思路选择适当的处理利用方法。

一、源头减排，预防为主

动物摄食的日粮养分中，只有部分能被动物吸收，用于其生长和繁殖，其余的养分则随排泄物进入环境。据FAO(联合国粮食和农业组织)估算，2004年全球畜禽粪尿排泄氮1.35亿吨、磷0.58亿吨，其中，牛、猪和禽排泄氮分别占排泄总量的58%、12%和7%；另外，由于生产需要，动物日粮中添加有铜、锌、硒、镉、砷、铁和镁等金属成分，但动物所摄取的金属成分中，只有5%～15%能被吸收，大部分被排泄到环境中。因此，解决畜禽养殖废弃物污染问题首先应从动物日粮入手，通过科学的日粮配制技术和生物技术在饲料中的应用，提高饲料中营养物质利用率。

近年来，动物营养学领域通过降低日粮中营养物质（主要是氮和磷）的浓度、提高日粮中营养物质的消化利用、减少或禁止使用有害添加物以及科学合理的饲养管理措施，减少畜禽排泄物中氮、磷养分及重金属的含量。例如，目前多数饲料的蛋白质含量都大大超过猪的需要量，将日粮蛋白质含量从18%降到16%，将使育肥猪的氮排泄量减少15%，荷兰商品化的微生物植酸酶添加后，可使猪对磷的消化率提高23%～30%。在各国的饲养标准中铜仅为3～8毫克/千克，但饲料中添加125～250毫克/千克的铜对猪有很好的促生长作用。由于目前主要是以无机形式作为铜源，它在消化道内吸收率低。一般成年动物对日粮铜的吸收率不高于5%～10%，幼龄动物不高于15%～30%，高剂量时的吸收率更低。为了减少高铜添加剂的使用，目前可以考虑使用有机微量元素产品，如蛋氨酸锌和赖氨酸铜等，按照相应需要量的一半配制日粮，生长猪的生长性能并不降低，且粪铜、锌排泄量可减少30%左右，或使用卵黄抗体添加剂、益生素、寡糖、酸化剂等替代添加剂。

饲料源头减排技术的优点在于既能减少部分饲料养分投入，节约饲料资源，也能减少环境污染。但养殖废弃物的饲料源头减排不应以牺牲动物的生产性能为代价，而应平衡生产效益与环境效益之间的关系。

二、种养结合，利用优先

畜禽粪污中富含农作物生长所需要的氮、磷等养分，因此，不应总是将其视为废弃物，如果利用得当，它也是很好的农业资源。畜禽粪污经过适当的处理后，固体部分可通过堆肥好氧发酵生产有机肥、液体部分可作为液体肥料，不仅能改良土壤和为农作物生长提供养分，而且能大大降低粪污的处理成本，缓解环保压力。因此，优先选择对养殖废弃资源进行循环利用，发展有机农业，通过种植业和养殖业的有机结合，实现农村生态效益、社会效益、经济效益的协调发展。

虽然我国有机食品的发展落后于西方发达国家，但近年来保持了较好的发展态势，据专家预测，未来十年我国有机农业生产面积以及产品生产年均增长将在20% ～ 30%，在农产品生产面积中占有1.0% ～ 1.5%的份额，有机农产品生产对以畜禽粪便为原料的有机肥将有很大的市场需求。

当然需要注意的是，基于养殖污水的液体肥料，由于运输比较困难，且成本较高，提倡就近利用，因此，要求养殖场周围具有足够的农田面积，不仅如此，由于农业生产中的肥料使用具有季节性，应有足够的设施对非施肥季节的液体肥料进行贮存。对液体肥料的农业利用，要制订合理的规划并选择适当的施用技术和方法，既要避免施用不足导致农作物减产，也要避免施用过量而给地表水、地下水和土壤环境带来污染，实现养殖粪污资源化与环保效益双赢。

三、因地制宜，合理选择

由于我国南北气候差别大，养殖场周围的自然条件各不相同，养殖场的规模也大小不一，养殖场所在地的环境要求也有所差别，所以，无论哪种养殖场粪污处理和利用技术都无法满足所有养殖场的技术需求。因此，应综合考虑我国各地区社会经济发展水平、资源环境条件以及环境保护具体目标，根据规模化畜禽养殖场的实际需要，采取不同的污染治理工程措施，切实解决养殖场的污染治理问题。

对于地处农村地区，周围农田面积充足的规模化养殖场，建议选择种养结合的农田利用方法，对养殖粪污进行适当的处理（如沼气工程处理）后进行农田利用，将畜禽粪污（沼渣和沼液）作为有机肥料用于大田作物、蔬菜、水果或林木的种植。

对于地处城市郊区，周围农田面积有限的规模化养殖场，建议对养殖粪便进行堆肥无害化处理后生产有机肥，养殖污水进行净化处理后回用或达标排放。尤其是使用自来水的规模化养殖场，由于用水成本高，处理出水消毒回用，不仅可减少养殖场冲洗用水的水资源消耗，也可大大降低养殖生产成本；对于排放的处理出水，由于不同地区执行的标准不全相同，处理污水应满足当地环保要求。

对于农作物秸秆丰富地区的小规模养殖场，可采用发酵床养殖生产方式，将当地农作物秸秆用于畜禽养殖，作为垫料吸收畜禽粪尿，减少养殖污水产生和排放。

总之，畜禽养殖场的粪污处理，高新技术并非生产应用之首选，采用适宜技术最为重要。

四、全面考虑，统筹兼顾

对于畜禽粪污，养殖污水的处理较固体粪便的处理难度大，而养殖污水量与生产中的多个环节有关，因此，应综合考虑养殖生产工艺、清粪方式、生产管理等因素，确定适当的养殖污水的处理技术。

养殖场应根据生产工艺、清粪方式确定适宜的污水处理方式，也可根据既定的污水处理方式，选择适当的生产工艺或清粪方式，但不可将生产或清粪方式与后续的污水处理方式完全割裂开来。例如，对于采用水泡粪清粪工艺的规模化猪场，其粪污处理宜采用沼气工程技术，如果选择达标排放处理技术，无形将增加后处理难度。对于干清粪养殖场，养殖污水中的固体物含量较少，如果采用延续搅拌反应器（CSTR）对养殖污水进行厌氧处理，为了确保反应器的工作效率，则往往需要向污水中添加固体粪便，将清理出来的固体粪便再加到污水中，显然，该场粪污管理的前后环节不配套，粪污管理过程不合理。对于垫料养殖的畜禽场，由于养殖场的污水量很小甚至为零，因此，就不必建设污水处理设施。

正因为畜禽生产工艺、清粪方式对养殖污水的有机物含量和污水量都有很大的影响，在养殖污水处理技术选择时，应充分考虑影响养殖污水的各个环节，确定最佳的污水处理技术方式。

第二章 猪场粪污处理主推技术

第一节 猪场粪污清理技术

规模猪场粪污主要是生猪产生的粪便、尿液及冲栏污水。目前规模猪场的清粪方式主要有：水泡粪和干清粪等。

一、水泡粪

在畜禽养殖舍内的排水沟中注入一定量的水，粪尿、冲洗和饲养管理用水全部排放到缝隙地板的粪沟中储存一定时间后（一般为1～2个月），待粪沟装满后，打开出口的闸门，将沟中的粪水排除，使粪水流入粪便主干沟，进入地下粪池或用泵抽吸到地面储粪池。

水泡粪的优点是比水清粪工艺节约用水和人力，操作简单，不受气候影响。

缺点是，粪污长时间在猪舍停留，产生厌氧反应、产生大量的臭气，影响养殖环境，粪水混合物的污染浓度高，后续处理难度大、成本高。

二、干清粪

猪场清粪方式，可从养殖生产工艺改进入手，本着减量化的原则，采用多途径的“清污分流、粪尿分离、干湿分离”等手段减少污染物的产生和数量；采用干清粪工艺，减少粪污的产生量和排放总量，降低污水中的污染物浓度，从而降低处理难度及处理成本，同时也可使固体粪污的肥效得以最大限度的保存，干清粪方式是减少和降低养猪生产给环境造成污染的重要措施之一，是目前粪污处理的最佳方法。

干清粪工艺的主要方法是，粪便一经产生就将粪、尿和污水分离，并分别清除，干粪由机械或人工收集、清扫、运至粪便堆放场，尿及冲洗污水则从下水道流进污水池贮存，分别进行处理。

为了便于粪便与尿污分离，排粪区地面要有坡度，尿液、污水顺坡流入粪尿沟，粪尿沟上设铁蓖子，防止猪粪落入。粪尿沟内每隔一定距离设一沉淀池，尿和污水由地下排出管排出舍外（图 2-1）。

1. 机动铲式清粪

机动铲式清粪机一般为在小型拖拉机前悬挂刮粪铲（图 2-2），将猪粪由粪区通道推出舍外。铲式清粪机灵活机动，可一机清多舍，而且结构简单，维护保养方便；目前，铲车清粪工艺运用较多，清粪机主要推铲部件不是经常浸泡在粪尿中，受粪尿腐蚀不严重，而且不需电力，适合于缺少电力的猪场使用。机动铲式清粪机适用于南方开放式或半开放式畜舍，也适合于北方各种舍外排粪猪场的清粪工作。

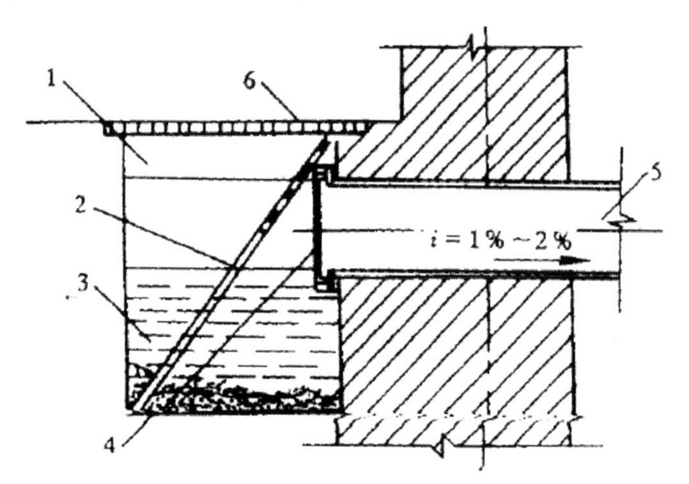

1. 通常地沟向沉淀池坡度1%
2. 铁板水封，水下部分为细篦子或铁网
3. 沉淀池
4. 可更换的铁网
5. 排出管，直径大于15厘米的缸瓦罐
6. 通常为铁篦子或沟盖板

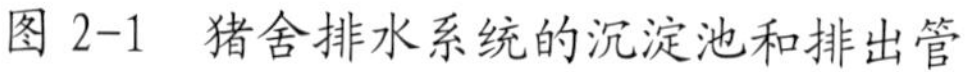
图 2-1　猪舍排水系统的沉淀池和排出管

图 2-2　机动清粪铲

2. 刮板清粪

我国一些大型机械化养猪场大多采用刮板清粪设备。

刮板清粪有两种方式，一种为明沟刮板清粪。另一种为地面设漏缝地板，粪便经踩踏落入粪沟，然后使用刮板刮出舍外。刮板清粪多为粪尿混合，如果使粪尿分离时漏缝地板下的粪沟应设宽沟和窄沟两部分，宽的是粪沟，窄的是尿沟，并且沟底有斜坡，能使粪尿分离。

用于明沟刮粪的机械一般为往复式刮板清粪装置，该清粪装置是由刮粪板和动力装置组成，清粪时，刮粪板作直线往复运动进行刮粪，将粪道上的粪便向前推进，返回行程时刮粪板抬起，将粪便遗留在地面，再在下一个工作行程中由前一个刮粪板将其继续推进，直至运到猪舍一端。粪便进入堆肥车间进行无害化处理生产有机肥料。

机械清粪的缺点是一次性投资较大，运行维护费用较高，而且我国目前生产的清粪机在使用可靠性方面还存在欠缺，故障发生率较高，此外，清粪机工作时噪音较大，不利于猪的生长。

三、雨污分离

对猪场已有的户外粪水排放明沟，对其进行封闭改造，防止雨水进入其中，实现雨污分离。

对新建猪场，在猪舍屋檐雨水侧，修建雨水明渠，雨水明渠的基本尺寸为0.3米×0.3米；在猪舍的粪污排放口或集粪池排放口，铺设污水输送管道，管道直径在200毫米以上，粪污通过管道直接输送至粪污处理系统，对于重力流输送的粪污管道，管底坡度不低于2%。雨污分离，可以减少进入猪场粪污处理系统的污水量。

四、发酵床养殖

猪的污染主要来自粪尿的排放，微生物发酵床养猪，将谷壳、锯末、米糠等和微生物添加剂按一定比例混拌均匀调整其水分后，进行堆积，促进有益微生物菌群繁殖，发酵后将垫料放进猪舍里，铺垫厚度40～100厘米。猪舍地面铺设有机垫料，垫料里含有相当活性、能处理粪尿的有益微生物，猪在生长过程中，粪尿都排泄到垫料上，生猪粪尿可以为垫料中的有益菌提供营养，保持有益菌的生长繁殖，垫料里的有益微生物能够迅速有效地对猪粪尿进行降解、消化。通过调节饲养密度，垫料中的微生物可以使猪粪尿得到充分分解，将其转化为有机物和水分，不产生任何有毒气体，使猪舍无臭气、无污染物排放。

因此，猪舍不需要每天清扫和冲洗，不会产生冲洗圈舍的污水，猪的粪与尿混合在垫料里，经微生物作用后与垫料一起变成有机肥料，所以没有任何污水排出养猪场。垫料使用一段时间后清出，清出的垫料进行高温发酵，进一步无害化处理和腐熟，生产有机肥，用于果树、农作物，达到循环利用、变废为宝的效果。

在通风良好的猪舍内，猪的粪尿被微生物迅速分解，不会产生臭气，冬季垫料在微生物的作用下可以提高猪舍温度，但夏季猪舍需要采取一定的降温措施。由于发酵床养猪过程中无需人工清粪、冲洗猪床、打扫圈舍，一方面可以减少饲养人员，节省人工支出，另一方面可减少水资源消耗，节省水费。

第二节　猪场粪污贮存技术

猪场粪便要及时进行无害化处理和资源化利用，应建造专门的畜禽粪便贮存设施，贮存是粪污管理过程中的关键环节之一。

粪便污水贮存设施应远离湖泊、小溪、水井等水源地，以免对地下和地表水源造成污染，与周围各种构筑物和建筑物之间的距离应不小于 400 米。由于粪便污水贮存过程中会产生臭味，因此，粪便污水贮存设施应建造在猪场生产区及生活管理区的下风向或侧风向，并尽量远离风景区以及住宅区。粪便污水贮存设施不能建在坡度较低、水灾较多的地方，以免在雨量较大或洪水暴发时，池内污水溢出而污染环境。

贮存设施要有防渗措施和较高的抗腐蚀性能，以防止粪便污水贮存过程渗漏对地下水产生污染。若在黏土层上建造，可在设施内铺垫不渗水的塑胶膜；若在沙土上建造，可对设施底部和四壁进行硬化处理；建设完成后对设施进行渗水性测试，以保证防渗性满足要求。贮存场地面应高于周围地面 30 厘米，有些粪便污水贮存设施容积较大，在清理底部淤泥等物质时可能要借助机械设备，此时需要在设施底部设置保护材料，以防止振动等因素对设施造成损坏。

粪便污水贮存设施的容积应按照日收集粪便污水量、降水情况和贮存期来确定。

第三节　沼气工程技术

一、沼气工程技术发展概况

沼气工程技术是以厌氧发酵为核心的畜禽粪污处理方式。20 世纪 70 年代末期，国外开始研发沼气处理技术，主要用于城市生活污水和畜禽养殖场粪污处理。目前，欧洲、美国、加拿大等国家和地区均建有大规模的沼气工程设施，生产的沼气主要用于发电。据资料介绍，德国已将沼气提高到国家能源安全战略、环境、资源和可持续发展的目标来大力发展，到 2010 年，德国建有 70 ～ 500 千瓦的沼气工程 6000 座，发电装机容量 2500 兆瓦，年发电量达 220 亿千瓦 • 小时（1 度 =1 千瓦 • 小时），相当于德国年电量消费的 3%。计划到 2030 年，天然气消耗的 10% 将由沼气替代，相当于每年建设 100 ～ 120 座产气量为 700 立方米 / 小时的沼气工程。

我国于 20 世纪 70 年代建设了一批沼气发酵的研究项目和示范工程。20 世纪 80 年代开始，农村户用沼气开始逐渐在全国部分省市进行示范与推广。20 世纪 90 年代中后期，大中型沼气工程在规模化养殖业快速发展的东部地区及大城市郊区快速发展，如江苏、浙江、江西、上海和北京等省（市），为减少规模养殖废弃物的环境污染，改变城乡卫生环境发挥了积极的作用。到 2010 年年底，全国建有大中型沼气工程 4700 个，年产沼气 16 亿立方米。随着我国畜禽养殖业的持续发展和规模化程度的不断增加，全社会对畜禽养殖污染防治关注度也日益提高。为促进畜禽粪污处理，减少养殖污染，国家将大中型沼气工程建设项目列入畜禽养殖污染治理和畜禽规模养殖标准化建设的重要内容，加强沼气工程建设财政支持力度，特别是2008年南方冰冻灾害后，财政支持大中型沼气工程建设的项目和资金大幅增加，沼气工程建设规模及数量有了较大的提高。目前，随着沼气处理技术的不断完善和发展，厌氧发酵（沼气）技术已成为我国大中型畜禽养殖场粪污处理的主要方式之一。

二、沼气工程技术优缺点

养殖场沼气工程技术包括预处理、厌氧发酵以及后处理等几个部分。预处理的作用主要是通过固液分离、沉砂等以去除污水中猪毛、塑料等杂质；厌氧发酵则是将预处理后的污水进行发酵处理，对养殖污水中有机污染物进行生物降解；后处理主要是对发酵后的剩余物进行进一步处理与利用。三者密不可分，互为统一。

1. 沼气工程技术的优点

①减少疾病传播。猪场废弃物中的虫卵等病原微生物经过中、高温厌氧发酵后被基本杀灭，可有效减少疾病的传播和蔓延。

②变废为宝。发酵后的沼气经过脱硫处理后，是优质的清洁燃料。

发酵后的沼液中含有各类氨基酸、维生素、蛋白质、赤霉素、生长素，糖类、核酸等，也含有对植物有害病菌具有抑制和杀灭作用的活性物质，是优质的有机液态肥，其营养成分可直接被农作物吸收，参与光合作用，从而增加产量，提高品质，同时，植物叶面喷施沼液，对部分病虫有较好的防治作用，减少化肥和农药污染，为无公害农产品生产提供了保障条件。

发酵后的沼渣营养成分较丰富，养分含量较全面，其中，有机质36%～49%，腐植酸10.1%～24.6%，粗蛋白质5%～9%，氮0.4%～0.6%，钾0.6%～1.2%，还有一些矿物质养分，是优质固体肥料，同时对改良土壤起着重要作用。

③改善猪场环境。猪场粪污进行厌氧发酵处理可减少甚至避免粪污贮存的臭气排放，能有效改善猪场及其周围的空气环境质量。

2. 沼气工程技术的缺点

虽然沼气工程技术具有较多的优点，但是，在实际应用过程中也存在一些缺点，主要包括：

①沼气发酵受温度影响，夏季温度高，产气率高，冬季温度低，产气慢且效率低，特别是在北方寒冷地方冬季粪污处理效果差。

②大中型规模猪场由于污水量大，需要建设的沼气工程设施投资大、运行成本高，一般猪场难以承受。

③沼渣和沼液如不进行适当的处理或利用，将导致二次污染。

④厌氧发酵池对建筑材料、建设工艺、施工要求等较高，任何环节稍有不慎，容易造成漏气或不产气，影响正常运行。

三、沼气厌氧发酵技术主要形式

沼气厌氧发酵技术是沼气工程的关键技术，包括常规和高效发酵工艺技术，如上流式厌氧污泥床（UASB）、升流式厌氧固体反应器（USR）、全混式厌氧反应器等。

1. 上流式厌氧污泥床（UASB）

上流式厌氧污泥床（UASB）是目前世界上发展最快、应用最多的厌氧反应器，由于该消化器结构简单，运行费用低，处理效率高而被广泛使用。该反应器适用于固体悬浮物含量较低的污水处理。

（1）UASB 的工作原理

UASB 反应器内分为 3 个区，从下至上为污泥床、污泥层和气液固三相分离器。反应器的底部是浓度很高并具有良好沉淀性能和凝聚性能的絮状或颗粒状污泥形成的污泥床。

污水从底部经布水管进入污泥床，向上穿流并与污泥床内的污泥混合，污泥中的微生物分解污水中的有机物，将其转化为沼气。沼气以微小的气泡形式不断释放，并在上升过程中不断合并成大气泡。在上升的气泡和水流的搅动下，反应器上部的污泥处于悬浮状态，形成一个浓度较低的污泥悬浮层。反应器的上端设有气、液、固三相分离器。在反应器内生成的沼气气泡受反射板的阻挡进入三相分离器下面的气室内，再由管道经水封而排出。固、液混合液经分离器的窄缝进入沉淀区，在沉淀区内由于污泥不再受到上升气流的冲击，在重力的作用下而沉淀。沉淀至斜壁上的污泥沿着斜壁滑回污泥层内，使反应器内积累大量的污泥。分离后的液体，从沉淀区上表面进入溢流槽而流出。UASB 的结构参见图 2-3。

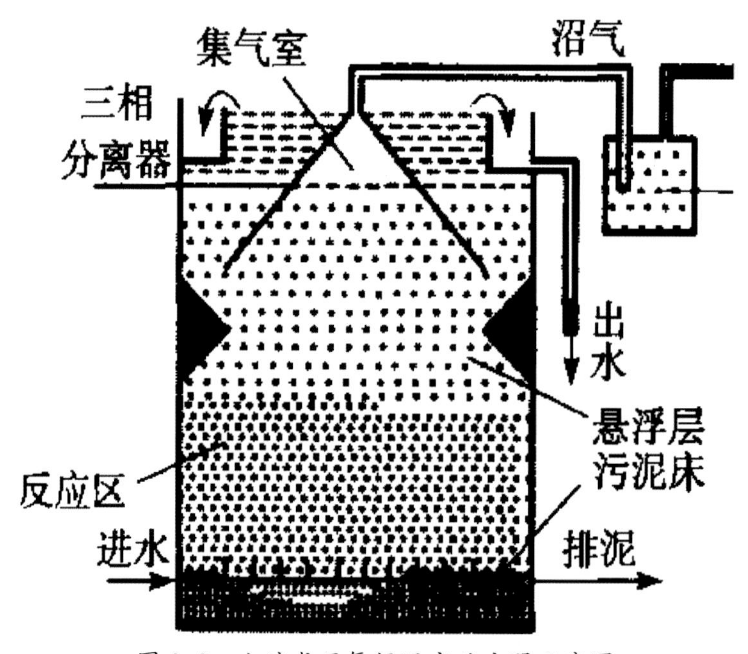

图 2-3　上流式厌氧污泥床反应器示意图

（2）UASB 的优点

①结构简单，不需要搅拌装置和供生物附着的填料；②较长的 SRT （固体滞留期）和 MRT （微生物滞留期）使其具有很高的容积负荷率； ③颗粒污泥的形成，使反应器内可维持很高的生物量，增加了工艺的有机物去除效果；④出水的悬浮固体含量低。

（3）UASB 的缺点

①需要安装三相分离器；②进水中的悬浮固体不宜过高，一般控制在 100 毫克 / 升以下；③需要有效的布水器使进料能均布于反应器的底部；④对水质或负荷突然变化较敏感，耐冲击力稍差。

2. 升流式厌氧固体反应器（USR）

（1）USR 的工作原理

升流式厌氧固体反应器是一种结构简单，适用于高浓度悬浮固体原料的反应器。原料从底部进入反应器内，与消化器里的活性污泥接触，使原料得到快速消化。未消化的生物质固体颗粒和沼气发酵微生物，靠自然沉降滞留于反应器内，上清液从反应器上部排出，这样就可以得到比水力停留时间（HRT）长得多的固体滞留期和微生物滞留期，从而提高了固体有机物的分解率和消化器的效率。USR 的结构参见图 2-4。

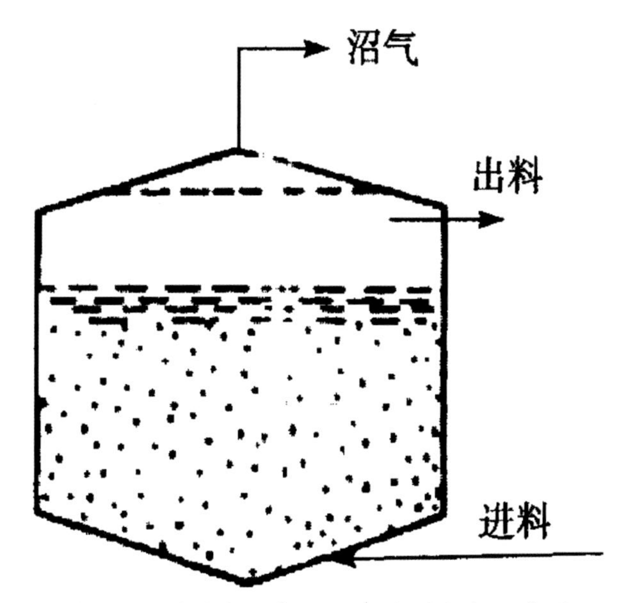

图 2-4 升流式厌氧固体反应器内部示意图

（2）USR 的优点

升流式厌氧固体反应器的优点在于：①在重力的作用下，比重较大的固体物与微生物靠自然沉降作用积累在反应器下部，使反应器内始终保持较高的固体量和生物量，使其在较高负荷下能稳定运行。②由于 SRT（固体滞留期）较长，出水带出的污泥不需回流，固体物得到了较为彻底的消化，固形物 SS（悬浮物）去除率在 60% ～ 70%。当超负荷运行时，污泥沉降性能变差，出水 COD（化学需氧量）升高，但一般不会造成酸化。③反应器内不需要三相分离器，不需要污泥回流，也不需要完全混合式的搅拌装置。

（3）USR 的缺点

升流式厌氧固体反应器缺点包括：①进料固形物 SS（悬浮物）在 5% ～ 6%，再提高易出现布水管堵塞等问题（单管布水易断流）；②对含纤维较高的料液（如牛粪），必须采取强化措施以防表面结壳。

3. 全混式厌氧反应器（CSTR）

（1）CSTR 的工作原理

全混式厌氧反应器（CSTR）是在常规反应器内安装了搅拌装置，使发酵原料和微生物处于完全混合状态，与常规反应器相比，活性区遍布整个反应器，其效率比常规反应器有明显提高，故名高速消化器，内部结构见图 2-5。

该反应器采用连续恒温、连续投料或半连续投料运行，适用于高浓度及含有大量悬浮固体原料的处理。在该反应器内，新进入的原料由于搅拌作用很快与全部发酵液混合，使发酵底物浓度始终保持相对较低状态，而其排出的料液又与发酵液的底物浓度相等，并且在出料时微生物也一起排出，所以，出料浓度一般较高。该反应器的 HRT、SRT 和 MRT 完全相等，为了使生长缓慢的产甲烷菌的增殖和冲出的速度保持平衡，所以，要求 HRT 在 10 ～ 15 天或更长。

（2）CSTR 的优点

全混式厌氧反应器优点在于：①该工艺可以进入高悬浮固体含量的原料；②反应器内

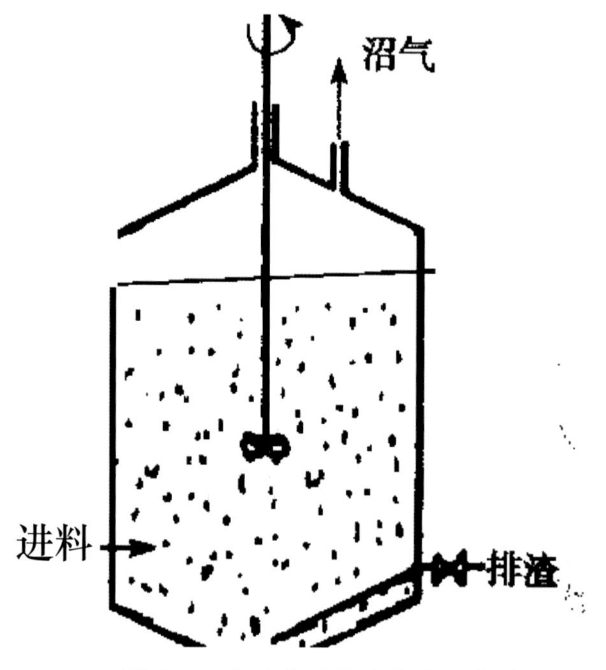

图 2-5　全混式厌氧反应器示意图

物料均匀分布，避免了分层状态，增加底物和微生物接触的机会；③反应器内温度分布均匀；④进入反应器内的任何一点抑制物质，能够迅速分散保持最低的浓度水平；⑤避免了浮渣结壳、堵塞、气体逸出不畅现象。

（3）CSTR 的缺点

全混式厌氧反应器缺点有：①由于该消化器无法做到 SRT（固体滞留期）和 MRT（微生物滞留期）在大于 HRT（水力停留时间）的情况下运行，因此反应器体积较大；②需要搅拌装置，能量消耗较高；③大型反应器难以做到完全混合；④底物流出该系统时未完全消化，微生物随出料而流失。

4. 厌氧折流反应器（ABR）

厌氧折流反应器（ABR）因具有结构简单、污泥截留能力强、稳定性高、对高浓度有机废水特殊作用，因而引起了人们的关注。厌氧折流反应器因其特殊结构，其优点见表 2-1。

表 2-1 厌氧折流反应器的特点

工艺构造	生 物 体	操 作
设计简单	污泥无特殊沉降要求	HRT 短
无运动部件	污泥产出率低	可间歇运行
无需机械混合	泥龄长	耐冲击负荷能力强
建设费用低	无需用填料或沉淀池	抗有毒能力强
不易堵塞	不需三相分离器	可长时间用不排泥

四、沼气工程技术应用

沼气工程技术在猪场粪污处理实践中主要采取以下模式。

1. 沼气（厌氧）还田模式

它又称农牧结合方式，根据畜禽粪便污水中养分含量和作物生长的营养需要，将畜禽养殖场产生的废水和粪便无害化处理后施用于农田、果园、菜园、苗木、花卉种植以及牧草地等，实现种养结合，该方式适用于远离城市、土地宽广、周边有足够农田的养殖场。

（1）工艺流程图

该技术模式的工艺流程见图 2-6。

（2）主要优点

变废为宝，最大限度地对污染物进行资源化利用；可以减少化肥施用，增加土壤肥力。

（3）主要缺点

需要有足够的土地对沼渣沼液进行消纳；雨季以及非用肥季节需要有足够的容器对沼渣沼液进行贮存；施用方式不当或连续过量施用会导致硝酸盐、磷及重金属的沉积，对地

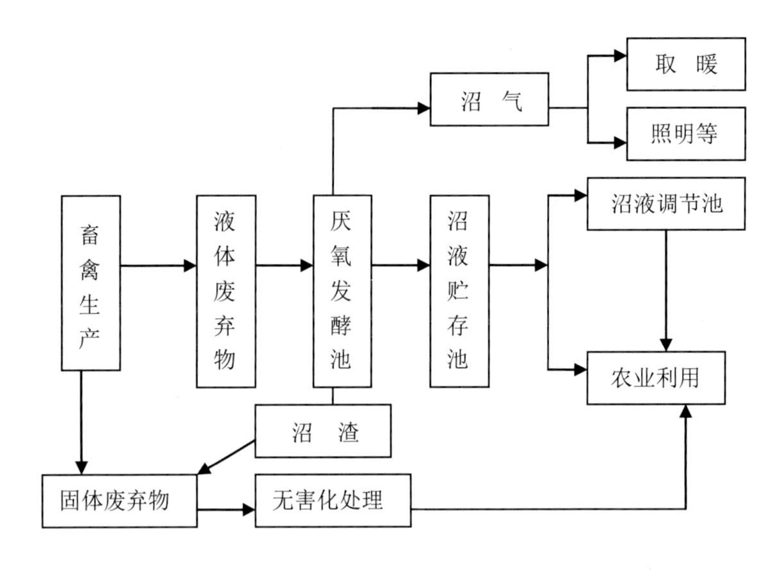

图 2-6 沼气还田模式的工艺流程

表水和地下水造成污染；施肥过程中挥发的氨、硫化氢等有害气体对空气造成一定的污染。

（4）关键工艺参数

①每 10 头猪需配备 1 立方米的厌氧发酵池；

②“猪－沼－果”的养猪规模与果园面积科学配比为 1:4[1 头母猪 4 亩（1 亩≈ 667 平方米）果园，下同]；“猪－沼－茶”的养猪规模与油茶面积科学配比为 1:6；“猪－沼－菜”的养猪规模与菜地面积科学配比为 1:8；“猪－沼－草”的养猪规模与牧草面积科学配比为 1:10。

（5）适用范围

远离城市，土地宽广，有足够农田消纳养殖场粪污的地区，特别是蔬菜、经济类等作物种植地区。

2. 沼气（厌氧）自然处理模式

采用氧化塘、土地处理系统或人工湿地等自然处理系统对厌氧处理出水进行处理。主要利用氧化塘的藻菌共生体系的好氧分解氧化（好氧细菌）、厌氧消化（厌氧细菌）和光合作用（藻类和水生植物），土地处理系统的生物、化学、物理固定与降解作用，以及人工湿地的植物、微生物作用对厌氧处理出水进行净化。适用于距城市较远、土地宽广、地价较低、有滩涂、荒地、林地或低洼地可作粪污自然生态处理的地区。

（1）工艺流程图

该技术模式的工艺流程见图 2-7。

（2）主要优点

该工艺模式的优点在于：①运行管理费用低，能耗少；②污泥量少，不需要复杂的污泥处理系统；③没有复杂的设备，管理方便；④对周围环境影响小。

（3）主要缺点

该工艺模式的主要缺点有：①土地占用量较大；②处理效果易受季节温度变化的影响，

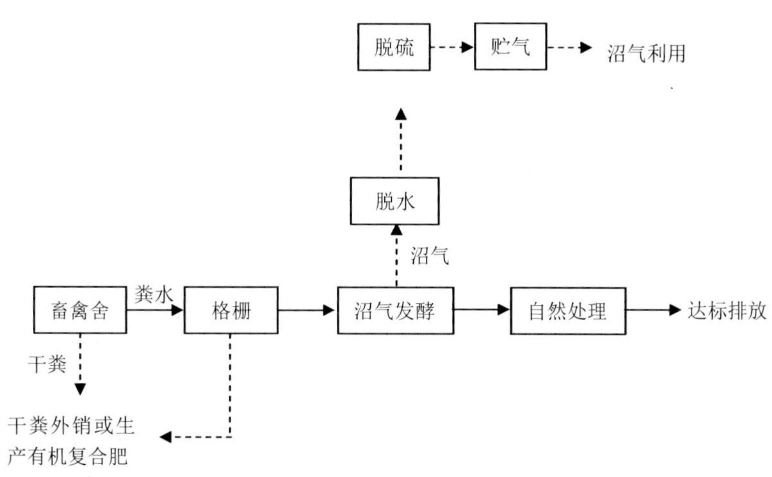

图 2-7 沼气（厌氧）自然处理模式的工艺流程

冬季的处理效果不稳定；③易污染地下水。

（4）工艺关键参数

①采用干清粪工艺，存栏 500 ～ 5000 头猪场，日污水量 8 ～ 80 吨。

②厌氧工艺宜采用上流式厌氧污泥床反应器（UASB），水力停留时间 3 天，COD 去除率 80% ～ 85%，厌氧出水 COD 在 700 ～ 1000 毫克 / 升；

③厌氧出水采用稳定塘和人工湿地进行处理，水力停留时间 30 ～ 50 天，出水 COD 在 150 ～ 300 毫克 / 升。

（5）适用范围

适用于离城市较远，气温较高，土地宽广，地价较低，有滩涂、荒地、林地或低洼地可作废水自然处理系统的地区，采用人工清粪的规模猪场。

3. 沼气（厌氧）达标排放模式

即采用工业化处理污水的模式处理生猪养殖场排放的粪污，该方式的畜禽养殖粪污处理系统由预处理、厌氧处理（沼气发酵）、好氧处理、后处理、污泥处理及沼气净化、贮存与利用等部分组成。需要较为复杂的机械设备和要求较高的构筑物，其设计、运转均需要具有较高技术水平的专业人员来执行。适用于地处大城市近郊、经济发达、土地紧张地区的规模猪场粪污处理。采用这种模式的一般为大型规模养殖场。

（1）工艺流程图

该模式的主要工艺包括：养猪场粪污排泄物经干清粪和固液分离后，集中的粪渣固体经过堆积发酵制成有机肥，污水则进入沼气池厌氧发酵，沼液经过专门的沉淀池沉淀、给氧曝气池处理和水生植物生物氧化塘吸纳降解，水质符合畜禽养殖业污染物排放标准后排放。具体流程如图 2-8。

（2）主要优点

该处理模式的主要优点有：①粪污处理效果好，污染治理较彻底；②占地少，适应性广，受地理位置限制少，受季节温度变化的影响小。

（3）主要缺点

该处理模式的缺点包括：①投资大，能耗高，运转费用高，在 1.5 ～ 2.0 元 / 吨污水；②机械设备较多，维护管理量大，管理、操作技术要求高，需要专门的技术人员进行运行管理。

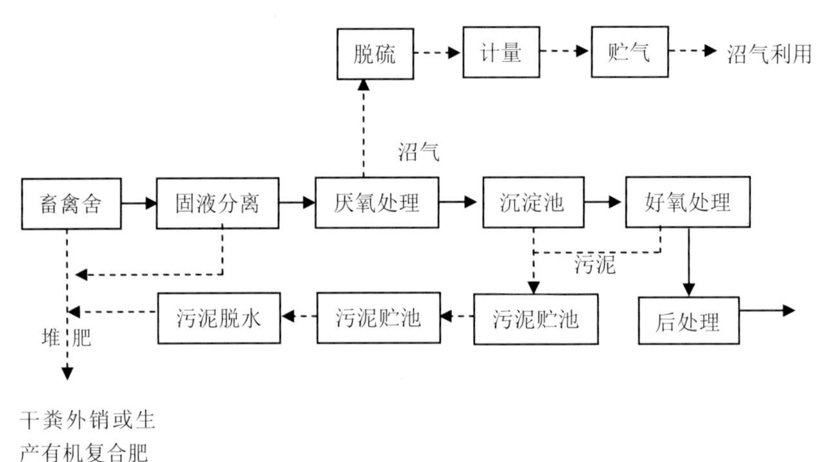

图 2-8　沼气（厌氧）处理达标排放模式工艺流程

（4）工艺关键参数

①按生猪存栏 5000 头计算，日处理污水设计能力宜在 80 吨以上；

②养殖场采用干清粪工艺。污水进行固液分离、沉淀等预处理，进水 COD 控制在 5000 ～ 10000 毫克 / 升，氨氮在 100 ～ 600 毫克 / 升。

③厌氧工艺宜采用上流式厌氧污泥床反应器（USAB），水力停留时间不少于 3 天，使 COD 去除率 80% ～ 85%，厌氧出水 COD 在 700 ～ 1000 毫克 / 升；

④好氧处理工艺宜采用序批式好氧活性污泥法（SBR）反应器，在去除 COD 的同时，具有除磷脱氮效果，混凝沉淀出水 COD ≤ 150 毫克 / 升，氨氮≤ 25 毫克 / 升。

（5）适用范围

该模式适用于地处大城市近郊，经济发达，土地紧张地区的猪场粪污处理。

4. 生物质能源利用模式

主要是沼气发电。将厌氧发酵处理产生的沼气用于发电，产生电能和热能。具体过程是将畜禽养殖场鲜粪集中收集后，通过上料系统投入厌氧反应器。畜禽舍冲洗水汇集到集水池后泵入厌氧反应器的前部，在反应器内搅拌装置作用下，形成高浓度的发酵液。粪污经厌氧消化，产生的沼气进入发电系统进行发电。沼渣、沼液经平板滤池过滤脱水，分离的沼渣作为有机肥，沼液进入贮存池作为液态有机肥直接施用于农田或处理达标后排放。沼气发电不仅解决了养殖废弃物的处理问题，而且产生了大量的热能和电能，符合能源再循环利用的环保理念，具有较好的经济效益。

（1）技术工艺流程图

该技术模式的工艺流程见图 2-9。

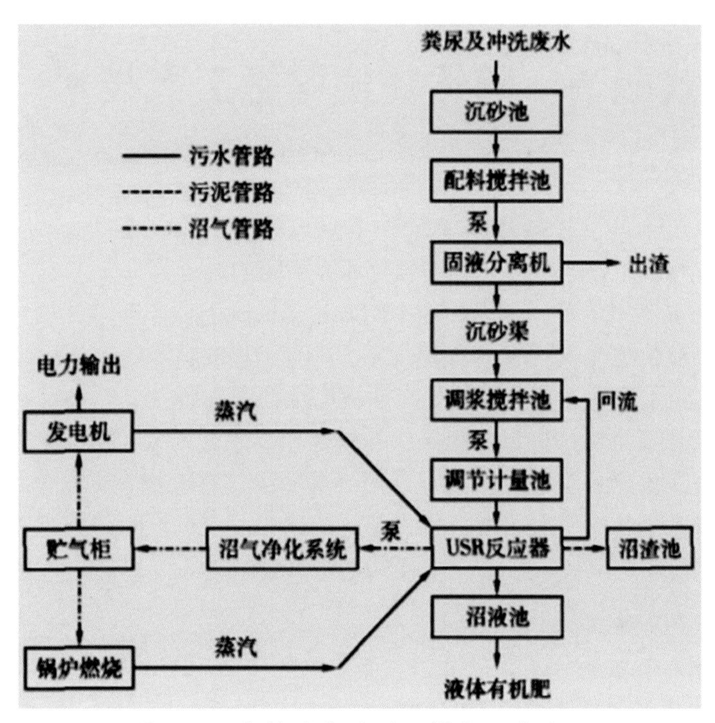

图 2-9 生物质能源利用模式工艺流程

（2）主要优点

该处理模式的优点在于提供电能，经济效益较好。

（3）主要缺点

该处理模式的优点有：①需购置沼气发电机组及电气控制系统等设备，前期投入大；②管理技术要求高，需要专人管理；③受规模及季节限制，发电不稳定，大部分电能只在场区及周边使用，发电并网存在一定的困难。

（4）适用范围

一般适用于中大型猪场。

第四节　固体粪便堆肥工艺技术

1. 堆肥基本原理

堆肥是在人工控制水分、碳氮比（C/N）和通风条件下，通过微生物作用，对固体粪便中的有机物进行降解，使之矿质化、腐殖化和无害化的过程。

堆肥过程中的高温不仅可以杀灭粪便中的各种病原微生物和杂草种子，使粪便达到无害化，还能生成可被植物吸收利用的有效养分，具有土壤改良和调节作用。堆肥处理具有运行费用低、处理量大、无二次污染等优点而被广泛使用。

堆肥分好氧和厌氧堆肥，好氧堆肥是依靠专性和兼性好氧微生物的作用，使有机物降解的生化过程，好氧堆肥分解速度快、周期短、异味少、有机物分解充分；厌氧堆肥是依靠专性和兼性厌氧微生物的作用，使有机物降解的过程，厌氧堆肥分解速度慢、发酵周期长、且堆制过程中易产生臭气，目前，主要采用好氧堆肥。

2. 好氧堆肥

好氧堆肥是指在有氧条件下，通过好氧微生物的代谢活动，对有机物进行分解代谢，代谢过程中释放的热量使堆体温度升高并保持在55℃以上，从而实现粪便无害化，生产有机肥料。

（1）好氧堆肥工艺流程

养殖粪便好氧堆肥，包括前处理、高温发酵、腐熟、后处理和贮存等一系列过程，具体工艺如图2-10所示。

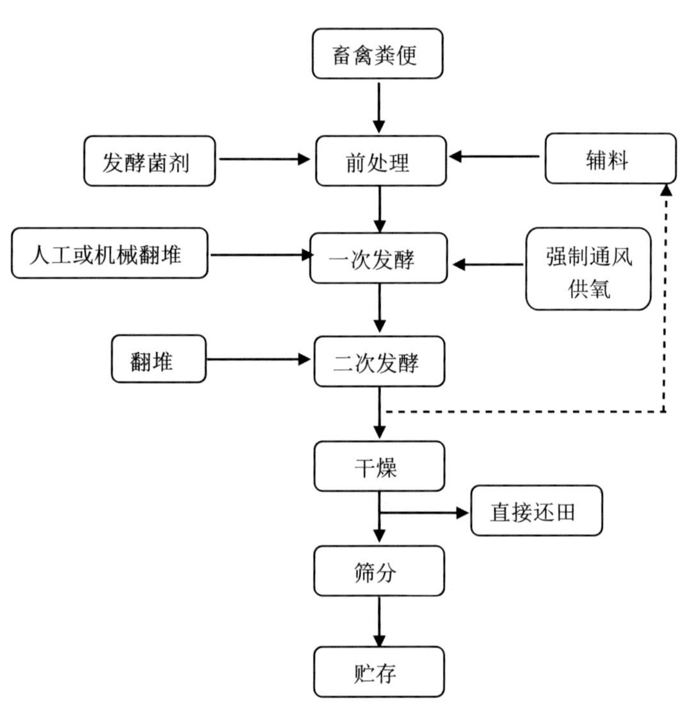

图2-10　好氧堆肥工艺流程

（2）堆肥分类

按照堆肥复杂程度以及设备使用情况，堆肥系统主要分为条垛式、强制通风和槽式堆肥三大类。其中条垛堆肥主要通过人工或机械的定期翻堆配合自然通风，维持堆体有氧状态；与条垛堆肥相比，强制通风堆肥过程中不进行翻堆，缩短堆肥周期；槽式堆肥则在一个或几个容器中进行，通气和水分条件得到了更好的控制。3

种堆肥系统的优缺点比较见表 2-2。

表 2-2　不同堆肥系统的特点

项 目	条垛堆肥	强制通风堆肥	槽式堆肥	项 目	条垛堆肥	强制通风堆肥	槽式堆肥
投资成本	低	低	高	臭味控制	差	良	优
运行和维护费用	较低	低	高	占地面积	大	中	小
操作难度	低	较低	难	堆肥时间	长	中	短
受气候条件影响	大	较大	小	堆肥产品质量	良	优	良

（3）条垛堆肥

条垛堆肥是传统的堆肥方法，它将堆肥物料以条垛式条堆状堆置，在好氧条件下进行发酵。条垛的断面可以是梯形、不规则四边形或三角形。条垛堆肥的特点是通过定期翻堆的方法通风。堆体最佳尺寸根据气候条件、场地有效使用面积、翻堆设备、堆肥原料的性质及通风条件的限制而定。

条垛堆肥主要有翻堆堆肥。通过定期机械搅拌或人工翻堆使堆体保持有氧状态。大规模条垛堆肥可以采用多条平行的条垛。由预处理、堆制、翻堆 3 部分组成。

① 场地要求。堆肥场地必须坚固，场地表面材料常用沥青或混凝土，防渗漏、防雨，场地面积要与处理粪便量相适宜。

② 条垛堆制。将混合均匀的堆肥物料堆成长条形的堆或条垛（图 2-11）。在不会导致条堆倾塌和显著影响物料的孔隙容积的前提下，尽量堆高。一般条垛适宜规格为，垛宽 2 ～ 4 米，高 1.0 ～ 1.5 米，长度不限。条垛太大，翻堆时有臭气排放；条垛太小则散热快，堆体保温效果不好。

堆垛表面覆盖约 30 厘米的腐熟堆肥，以减少臭味扩散和保持堆体温度。

③ 翻堆。采用人工或机械方法进行堆肥物料的翻转和重新堆制造。翻堆不仅能保证物料供氧，促进有机质的均匀降解；而且能使所有的物料在堆肥内部高温区域停留一定时间，以满足物料杀菌和无害化的需要。翻堆过程既可以在原地进行，又可将物料从原地移至附近或更远地方重新堆制。

翻堆次数取决于条垛中微生物的耗氧量，翻堆的频率在堆肥初期显著高于堆肥后期。翻堆的频率还受腐熟程度、翻堆设备、占地空间及经济等其他因素影响。一般 2 ～ 3 天翻堆一次，当温度超过 70℃时要增加翻堆。

条垛堆肥系统的翻堆设备分斗式装载机或推土机、垮式翻堆机、侧式翻堆机 3 种。中小规模的条垛宜采用斗式装载机或侧式翻堆机。垮式翻堆机不需要牵引机械，侧式翻堆机需要拖拉机牵引。美国常用的是垮式翻堆机，而侧式翻堆机在欧洲比较普遍。

（4）强制通风堆肥

堆肥物料堆放在铺设多孔通风管道地面的通风管道系统上，利用鼓风机将空气强制输送至堆体中进行好氧发酵，如果空气供应很充足，堆料混合均匀，堆肥过程中一般不进行物料翻堆，堆肥周期 3 ～ 5 周。

图 2-11　条垛堆肥实景

根据原料的透气性、天气条件以及所用的设备能达到的距离来建造堆体（图 2-12）。建造相对较高的堆体有利于冬季保存热量，另外，可在堆体的表面铺一层腐熟堆肥，使堆体保湿、绝热、防止热量损失、并过滤在堆体内产生的氨气和其他臭气。

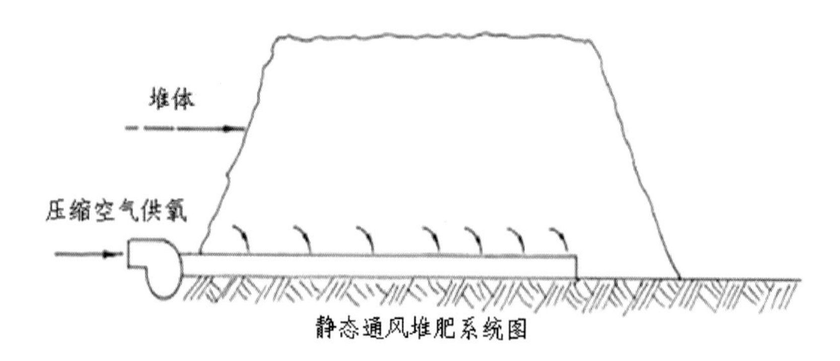

图 2-12　强制通风堆肥示意图

如果堆体太长，距离鼓风机最远的位置氧气可能不足，堆体中形成气流通道会导致空气从大部分堆体的原料旁绕过。当这种情况发生时，堆体通气不均一，会产生厌氧区域，部分堆肥不能腐熟，通常需要添加硬度较大的固体调理剂来帮助腐熟堆肥。为了维持堆体良好的通气性，畜禽粪便在堆制之前必须和调理剂（如稻草和玉米秸秆）充分混合。所需的通风速率、风机选型以及通气管道由堆体大小决定。

强制通风堆肥操作步骤包括：①按比例将畜禽粪便与调理剂均匀混合；②在通气管上铺垫约 10 厘米的调理剂；③将混合的堆肥物料堆放在调理剂上；④将风机与通气管道连接，给堆体供氧；⑤堆体发酵约 21 天。

（5）槽式堆肥

槽式堆肥系统将可控通风与定期翻堆相结合，堆肥过程发生在长而窄“槽”的通道内。轨道由墙体支撑，在轨道上有一台翻堆机。原料被布料斗放置在槽的首端或末端，随着翻堆机在轨道上移动、搅拌，堆肥混合原料向槽的另一端位移，当原料基本腐熟时，能刚好被移出槽外。

槽式翻堆机用旋转的桨叶或连枷使原料通风、粉碎、并保持孔隙度。槽式堆肥系统

（图 2-13）可通过自动控制系统操作。

图 2-13　槽式堆肥系统图

发酵槽的尺寸根据物料量的多少及选用的翻堆设备类型决定。常用翻堆设备有搅拌式翻堆机、链板式翻堆机、双螺旋式翻堆机和铣盘式翻堆机等。一般每隔 1 ～ 2 天翻堆 1 次。发酵物料入槽后 3 天即可达到 45℃，在槽内要求温度 55℃以上持续 7 天左右，发酵周期通常为 12 ～ 15 天，挥发性有机物降解 50% 以上。将发酵槽内的物料运至腐熟区进行二次发酵，剩余有机物进一步分解、后熟、干燥、稳定。

机械翻堆堆肥工艺自动化程度高，生产环境较好，适用于大中型养殖场、养殖小区和散养密集区。堆体高度 1.5 米左右，槽宽根据搅拌机或翻堆机跨度而定。

第五节　猪粪污原位降解技术

猪粪污原位降解技术是利用好氧和厌氧微生物对猪粪尿中的有机物进行降解、转化，结合地面垫料平养饲养方式，使动物排泄的粪便免于清扫，就地发酵，降解成为有机肥的养殖模式，也称发酵床养殖或厚垫料养殖等。目前，在我国主要应用于生猪、肉鸡、肉鸭饲养。

一、工艺类型

我国吉林、山东、江苏和福建、安徽等省（市）首先在生猪生产中开展了示范推广，通过生产应用中的不断改造、创新和完善，提出了适合各地自然条件的工艺模式和技术规范，其工艺类型主要有 2 种分类方法。

1. 按发酵床的调制工艺分

发酵床并不是一般意义上的“床”，而是指混合有微生物发酵菌剂，适宜发酵微生物生长繁殖，根据调制垫料过程将发酵床分为湿式发酵床和干撒式发酵床 2 种。

湿式发酵床是将垫料原料与发酵菌剂搅拌均匀，加入适量水分，提前发酵一定时间，再摊开散热后铺进猪圈，然后进猪饲养的方法。

干撒式发酵床是将干垫料原料与发酵菌剂掺匀后不加水分，也不提前发酵，直接铺进猪圈，铺好后即可进猪饲养的方法。随着垫料发酵菌剂休眠性提高和使用条件的放宽，长效可靠的干撒式工艺类型显现出更强的生命力。

2. 按猪群与垫料接触情况分

按猪群是否与垫料接触分类可分为接触型和非接触型。接触型工艺是将猪直接饲养在发酵床之上，猪群与垫料直接接触，猪排泄的粪尿，通过人工定期翻动、搅拌和猪的翻拱、踩踏使之与垫料混合均匀，使垫料中微生物对猪粪尿进行分解、转化，实现原位降解，是普及应用较广的形式（图 2-14）。非接触型工艺是在接触型工艺的基础上结合生猪漏缝地板饲养技术，利用漏缝地板将猪群与发酵床隔离开，猪群不与垫料直接接触，猪排泄的粪尿，通过漏缝地板散落到下层发酵床之上，通过机械搅拌使猪的粪尿与垫料混合均匀，保持垫料松散和适宜的发酵环境，实现粪污原位降解。

接触型工艺的优点在于猪舍建设可因地制宜，建设成本相对较低，同时可满足猪只喜欢翻拱觅食的生活习性，提高猪群福利水平。缺点在于发酵床垫料质量要求较高，发酵床日常维护需要大量人力，饲养密度不宜过大，适宜适度规模养猪，不适宜大规模工厂化生产。

非接触型工艺的优点是可节省日常维护发酵床的人工成本，发酵床垫料来源更加广泛，饲养密度可以达到常规地面养殖水平，并可实现大规模工厂化养猪生产。缺点在于猪舍建设标准要求较高，建设投资较大。

图 2-14　接触型粪污原位降解工艺实景

二、猪舍设计与建设

猪粪污原位降解猪舍内发酵床与屋檐的距离不低于 2 米，具体高度应依据屋顶结构、猪舍跨度、当地光照条件及是否配备环境控制设备等因素决定。一般情况下猪床至少有 30% 面积能被阳光直射，如果猪舍带有天窗、通风设备可适当降低猪舍高度；如果猪舍屋顶全封闭且跨度较大，就应适当提高猪舍高度。

猪舍建筑结构与传统猪舍一样，根据当地气候条件可建成封闭式、半开放式或开放式，因地制宜。但总体要求东西走向、坐北朝南、充分采光、通风良好。冬季能够防寒保温，夏季能够通风散热。因此，北方地区可选择封闭或半开放式猪舍，在屋顶设置采光天窗或在猪舍南北两侧配置自由开闭的大型近地窗或阳光棚罩，并配置通风设备，以满足日常通风、夏季降温和冬季保暖要求；南方可选择半开放式或开放式猪舍，配置遮阳网、遮雨帘，在充分利用自然通风的基础上，解决夏季防暑、防雨问题。

猪舍单栏面积应根据猪场规模大小而定，一般为 25 ～ 40 平方米，两栏之间直接用栅栏隔开，利于圈舍内通风和采光。饲养密度要根据猪只的大小和饲养数量的多少进行确定，一般保育猪 0.3 ～ 0.8 平方米 / 头，育肥猪 0.8 ～ 1.5 平方米 / 头，母猪 2.0 ～ 2.5 平方米 / 头。每个单栏地面设置饲喂台和发酵池 2 个功能区，饲喂台设置在工作通道一侧，宽度因养殖对象不同而略有差异，育肥舍为 1.3 ～ 1.5 米，妊娠舍为 1.5 ～ 2.0 米，其上安放饲料槽，如果将饮水器也安装在饲喂台，则其台面应向通道一侧倾斜 2% ～ 3%，以防止滴漏饮水浸湿垫料。发酵池设置在临窗一侧，以利于阳光照射，面积应为饲喂台面积两倍以上。

三、发酵池设计与建设

发酵池四壁用水泥砌成垂直或较陡的斜坡，每个角砌成弧形，不用直角。发酵池底部尽可能保留土地面，略加平整即可，这样在节省建设成本的同时，可避免发酵池底部积水发霉，也利于发酵过程气体交换和保温。

1. 发酵床的垫料厚度

发酵池深度主要受垫料厚度影响，而垫料厚度又受到发酵类型、养殖对象、气候、季节等多种因素影响，如干撒式发酵床垫料厚度比湿式发酵床可降低 40%；饲养育成猪比饲养保育猪垫料厚度应至少增加 30%；南方地区的厚度可适当降低，北方地区的厚度可适当增加；夏季适当降低，冬季适当加高。总的来说，发酵池深度一般保持在 40 ～ 100 厘米，不得低于 40 厘米。

2. 发酵床的形式

为避免地下水位过高影响垫料发酵，发酵池一般分地上式、半地上式和地下式 3 种类型。

地上式发酵池建在地面上，垫料槽底部与猪舍外地面持平或略高，硬地平台及操作通道需垫高 40 ～ 100 厘米，保育猪 40 厘米左右、育成猪 100 厘米左右，利用硬地平台的一侧及猪舍外墙构成一个与猪舍等长的长槽，并视养殖需要在中间用铁栅栏分隔成若干单栏。地上模式的优点在于能够保持猪舍干燥，特别是可防止高地下水位地区雨季返潮；缺点是建设成本较高，如其屋檐高度相对于地下模式而言要高出 40 ～ 100 厘米。地上模式主要适宜大部分雨量充沛的南方地区以及江、河、湖、海等地下水位较高的地区。

地下式发酵池建在地面以下，池深保持 40 厘米以上，冬季越寒冷越要加大发酵池深度，非常适宜老旧猪舍改建。地下模式的优点是冬季保温性能好，因此，非常适宜北方寒冷干燥地区及地下水位较低的地区。

半地下式发酵池一半建在地下、一半建在地上，池深与地上式基本一致。其优点在于建设成本相对地上式低，又比地下式便于养护，同时解决了季节性地下水位过高问题，适宜北方大部分地区、南方坡地或高台地区。

四、养殖设备

粪污原位降解技术的饲养设备主要包括饲喂设备、饮水设备、降温设备和垫料养护设备等。

饲喂设备与传统猪舍并无差别，在此不详细介绍。

饮水设备的位置最好设置在与料槽相对一侧，在避免强壮猪长时间占据料位的同时，可增加猪的运动量。为防止饮水器漏水流入到发酵床中导致垫料湿度过大，要求在饮水器下面建边缘略高的饮水导流台，将饮水器滴漏的饮水引流到圈舍外，导流台一般宽 60 厘米，长度可灵活掌握，以 1 米为佳，一般占猪舍纵长的 1/3 左右。

垫料养护设备用于对垫料进行翻动使垫料保持疏松透气的良好发酵环境，防止板结。

小型养猪场可使用叉、耙、铲、锹等工具，规模猪场除人工养护外，每次大规模翻动垫料可选择使用小型挖掘机或犁耕机等，而非接触型发酵床则必须安装全自动翻抛设备。

降温设备用于炎热夏季防暑降温。使用湿帘降温，必须配合风机，通过加速水分蒸发促进热量散失；而喷雾降温的关键是喷头雾化性能要好，尽量减少水珠洒落到垫料上，增加舍内湿度。

五、垫料选择与制作

发酵床就是在发酵池内垫满混合有功能微生物、具有发酵功能并供猪生活的垫料层，发酵床良好运行的过程就是功能菌群正常生长繁殖，并完成粪尿降解转化的过程，在这个过程中以有氧代谢反应为主导，以厌氧和兼性厌氧反应为辅，维持这一过程正常反应的条件包括垫料中碳氮元素比例适宜的营养源、相对充分的氧气供应及合适的温度、水分含量和 pH 值等。因此，垫料的制作、功能菌群的选择、发酵床的养护都是粪污原位降解技术的核心。

1. 垫料原料选择

从技术角度看，垫料原料要求碳氮比高，木质粗纤维含量较高，不容易被分解、疏松多孔透气、吸水吸附性能良好、细度适当、无毒无害、无明显杂质等。从实用的角度来说，垫料原料必须来源广泛，采集采购方便，价格尽可能便宜，质量容易把握。

发酵床垫料的原料以木材锯末碳氮比最高，疏松多孔，透气性、保水性最好，最耐发酵，使用年限最长。木材加工生成的刨花也可替代锯末使用，可放置在发酵床的中下层，如果发酵池较深，如东北地区深达 1 米以上的发酵池也可在底部用碎木块及树枝、细木段充当垫料，厚度一般掌握在 30 ～ 50 厘米。

稻壳、棉籽壳粉，棉秆粗粉等也是很好的垫料原料，透气性能比锯末好，但吸附性能稍次于锯末。含碳水化合物比例比锯末低，灰分比锯末高，使用效果和寿命次于锯末。可以单独使用，也可与锯末混合使用。稻壳不宜粉碎，棉籽壳、棉秆不宜粉碎过细，因为过细不利于透气。锯末中掺入 1/4 上述垫料的效果与单一锯末的使用效果相近。这种垫料配方的优势在于提高了纯锯末的透气性，降低了纯锯末湿润后的黏结性。

玉米秆、麦秸、稻草等秸秆也可以作为垫料使用，但由于秸秆的粉碎费用较高，而且粉碎后的透气性能不佳，吸水后透气性能更差，且容易腐烂，因此，不宜粉碎使用。它们可以作为底层垫料直接铺到最下层，厚度不超过 20 厘米，也可铡短到 2 厘米左右，与锯末混合使用，比例不超过 1/3。

2. 垫料发酵菌剂的选择

发酵床的发酵过程是通过不同温区活性菌种的相互配合、多种功能菌群系统的分工协作，由多种物质参与化学转化的复杂的生物化学反应过程。因此，理想的发酵床功能菌群要具备自身活力强大、休眠性好、对粪尿降解效率高、不产生明显有害物质等特点，是粪污原位降解技术最核心内容之一，也是发酵床最重要的组成成分。

目前而言，发酵床功能菌剂来源有两方面，一是土著菌种，即在当地落叶和腐殖质丰厚区域采集土壤中的土著菌，进行培养扩繁生产菌剂。二是商品菌剂，目前国内的专业化公司可以提供商业化产品。相对于土著菌种，商品菌剂所含菌种更加丰富，一般包含光合菌、乳酸菌、酵母菌、芽孢杆菌、醋酸菌、双歧杆菌、放线菌等各大类好氧有益微生物，而且经过人工培养加工，可以和垫料及畜禽粪尿中的有益微生物产生协同功效，实现高效降解粪尿的目的，使用也相对简便，因此，在实际生产过程中，建议选择商品菌剂。但应当注意的问题是，由于各个专业化公司选择的原始菌种不同、生产菌剂的工艺不同，各类商品菌剂的使用方法、适用条件也会出现不同，在实际生产中要注意区分。

发酵床功能菌剂使用时一般要先用麸皮、玉米粉或米糠等稀释，一是确保菌剂与垫料混合均匀，二为菌群提供快速复活、发酵的高浓度营养物质。

3. 发酵床的铺设

湿式发酵床的铺设首先要调制加工垫料，可在猪舍内进行，但如果垫料数量较大，建议使用搅拌设备，选择专用场地进行加工。南方地区多选用发酵车间式结构，利于通风透气，北方地区多选用发酵棚式结构，便于冬季保温。

干撒式发酵床铺设可以逐次增加厚度，初次铺设 30 厘米厚度即可。垫料原料可以单用锯末或稻壳，也可锯末与稻壳任意比例混合使用，除此之外，可用刨花、棉花秆、麦秸、玉米秸、玉米芯和花生壳等多种原料替代，特别是最下层可完全使用其他替代原料，甚至碎木块、断树枝等也不影响使用效果。为了使发酵床中发酵菌剂分布均匀，可将垫料分成 5 层铺填，每一层用菌剂总量的 1/5。

（1）湿式发酵床的铺设

第一步：根据气候条件、饲养品种、夏冬季节不同，确定垫料厚度，并根据发酵池面积计算垫料和发酵菌剂用量。湿式发酵床垫料配方一般为锯末 50% ～ 60%、稻壳 30% ～ 40%、新鲜猪粪 10% ～ 20%、玉米粉、米糠或麸皮等 2% ～ 3%。

第二步：根据发酵菌剂使用说明，用麸皮、玉米粉或米糠进行稀释（一般是 5 ～ 10 倍）。

第三步：将稀释好的发酵菌剂与各种垫料进行充分混合搅拌，在搅拌过程中不断向垫料中喷雾洒水，使垫料湿度达到 40% ～ 60%（与垫料配比有关，现场判定适宜与否的标准是手抓垫料可成团，松手即散，指缝无水渗出）。

第四步：将搅拌均匀的垫料堆垛发酵，一般夏天经过 5 ～ 7 天，冬天经过 10 ～ 15 天，垫料有发酵香味和蒸汽冒出后，即说明垫料发酵成熟。

第五步：将发酵好的垫料在发酵池中摊开铺平，在其表面覆盖 5 ～ 10 厘米的锯末或锯末、稻壳混合物，等待 24 小时后即可进猪。

（2）干撒式发酵床的铺设

第一步：根据垫料原料质量不同，确定每层铺垫的垫料种类，最底层应当铺设尺寸较大的替代原料。

第二步：根据发酵菌剂使用说明，用麸皮、玉米粉或米糠进行稀释（一般是 5 ～ 10 倍）。

第三步：在发酵池内逐层铺上垫料，每层垫料上面手工均匀播撒一层稀释后的菌剂，达到预定厚度后即可进猪，如果垫料太干起尘，可在进猪前在发酵床表面进行适当喷淋。

第四步：将猪排泄的粪尿埋入发酵床 10 ～ 30 厘米深处，一般情况下，如此反复数次，即可启动发酵。

六、发酵床的养护

发酵床养护的目的主要是保持发酵床正常微生态平衡，确保发酵床对猪粪尿的消化分解能力始终维持在较高水平。发酵床养护主要包括垫料的通透性管理、水分调节、垫料补充、疏粪管理、补菌、垫料更新等。

1. 垫料通透性管理

发酵床发酵过程需要保持正常水平氧气含量，以保持发酵床较高粪尿分解能力和抑制病原微生物繁殖，垫料要保持适当的通透性。通常简便的方式就是将垫料经常翻动，翻动深度保育猪为 15 ～ 20 厘米、育成猪 25 ～ 35 厘米，可结合疏粪或补水将垫料翻匀，每隔一段时间（50 ～ 60 天）要彻底将垫料翻动一次，并且要将垫料层上下混合均匀。一般来说，小猪粪尿量小，对垫料的踩踏也较轻，没有必要频繁翻动。但中大猪粪尿量较大，对垫料的踩踏也较重，垫料翻动的工作量也相应较大。

为了促使猪群对垫料的拱掘翻动，减少人工翻动的劳动强度，肉猪群最好采用限饲分餐饲喂，适当减少正常饲料喂量的 5% ～ 10%，迫使猪为寻找食物增加拱掘。在日常维护翻动垫料时，最好用较大而且齿多的铁叉，也可用铁耙，这样不但比用铁锹操作轻快，而且掺和均匀。在大型猪场中进行垫料彻底翻动时，可采用蔬菜大棚使用的翻耕机械进入圈舍内操作，这样可大大提高工作效率。

2. 疏粪管理

生猪具有集中定点排泄粪尿的生活习性，如果粪尿长时间集中，就会破坏局部发酵环境，使这一区域丧失发酵功能。因此，要适时将明显集中的粪尿疏散分撒，与垫料混合均匀，填埋入发酵层，即疏粪管理。原则上，每天要将集中的粪尿与垫料混合填埋。但在小猪阶段也可两三天，甚至更多天操作一次。

3. 水分调节

不同物料因理化特性存在差异，适宜发酵的水分含量是不一样的，同时温度、湿度等环境因素也会对其产生影响，因此，发酵床适宜的水分含量应根据地域、气候、垫料及发酵菌剂的特点来适当调整。同时，还要注意发酵床不同区域的垫料在发酵过程中所起作用不同，其水分含量也不同。在发酵床表面以下 30 厘米左右的核心发酵层，水分应控制在 50% ～ 60%，才能保证功能有益微生物正常生长繁殖和对粪尿进行降解；但在发酵床表面 10 厘米左右的垫料层，如果水分含量过高，不仅会降低垫料通透性，而且潮湿对猪生长不利，因此，水分含量控制在 30% ～ 40%，不起飞尘为宜。

在核心发酵层，一般情况通过填埋粪尿即可满足水分含量要求，而不需要额外添加水分，即使干撒式发酵床的表层垫料，除了使用初期可能需要喷水压尘外，正常饲养过程很少出现垫料水分过低问题。

垫料的含水量难以用仪器测定，一般来说，含水量在 20% ～ 30% 时，垫料干燥，稍有潮湿感；含水在 40% ～ 50% 时，有明显潮湿感；含水量达到 60% 时，手握略有黏结状，但手松开时马上散开；超过 60% 以上，用力握垫料，指缝会有水渗出。

4. 通风管理

通风的原则是尽可能采用自然通风，当自然通风不能满足要求时，采用机械通风。在炎热季节，则使用由湿帘、喷雾等设备与风机组合成的降温系统，对发酵床猪舍进行降温。

5. 垫料补充

发酵床在消化分解粪尿的同时，垫料也会逐步损耗，及时补充垫料是保持发酵床性能稳定的重要措施。一般情况，育肥圈经 3 ～ 4 个月的饲养时间，垫料通常要减少 10%，继而需要补充垫料。

垫料补充有集中补充、定期补充和随时补充等形式。集中补充是在一批次猪群出栏或转圈后，一次补齐消耗的垫料；定期补充则是每间隔一定时间（如 2 个月）补充一次；随时补充，即视圈内垫料的情况，如部分区域粪尿集中、垫料过湿，随时将新垫料铺到需要的地方，大猪生长阶段垫料水分和粪尿较多时，可随时补充干垫料。

补充垫料的质量要以首次铺设时的要求为准，补充的新料要与发酵床上的垫料混合均匀，并调节好水分。在干撒式发酵床中补充垫料仍应按比例添加发酵菌剂，湿式发酵床的垫料仍需提前发酵。

6. 猪群出栏后的垫料管理

垫料的管理和养护直接关系到发酵床的使用寿命，如果管理和养护得当，发酵床可使用 3 年以上，可以饲养多批次的生猪。

每一批猪群出栏后，对垫料的管理应包括 3 方面工作：首先为使老旧垫料能重新被利用，要彻底翻倒垫料，做到完全松散透气，粪尿与垫料混合均匀；其次，由于发酵床不能使用任何化学消毒剂，为杀灭前批生猪饲养过程可能遗留的寄生虫、细菌等病原微生物，应视情况适当在垫料中补充菌种、水分，并将垫料进行堆积进行高温发酵无害化处理；其三是在原有垫料的上层补充新垫料，达到要求厚度，间隔 24 小时后再进猪饲养。

第三章　牛场粪污处理主推技术

规模牛场粪污主要包括牛饲养过程中产生的粪便、尿液、冲洗牛舍产生的污水以及挤奶厅冲洗废水。

第一节　规模牛场粪污清理技术

当前，我国规模牛场的舍内多为水泥及其他硬化地面，为使干粪与尿液及污水分离，通常在牛舍一侧或两侧设有排尿沟，且牛舍的地面稍向排尿沟倾斜。固体粪便通过人工清粪或半机械清粪、刮粪板清粪等方式清出舍外、运至堆粪场；尿液和污水经排尿沟进入污水贮存池。部分牛场使用水冲或软床等方式清粪，目前，规模牛场的清粪方式主要有人工清粪、半机械清粪、刮粪板清粪、水冲清粪和“软床饲养”几种。

一、人工清粪

人工清粪，即人工利用铁锹、铲板、笤帚等将粪便收集成堆，人力装车运至堆粪场或直接施入农田，是小规模牛场普遍采用的清粪方式。当粪便与垫料混合或舍内有排尿沟对粪尿进行分离时，粪便呈半干状态，此时多采用人工清粪。由饲养员定期对舍内水泥地面上的牛粪进行人工清理（图 3-1），尿液和冲洗污水则通过牛舍两侧的排尿沟排入贮存池。人工清粪一般在奶牛挤奶或休息时进行，每天 2 ～ 3 次。

人工清粪无需设备投资、简单灵活；但工人工作强度大、环境差，工作效率低。随着人工成本不断增加，这种清粪方式逐渐被机械清粪方式取代。

图 3-1　辽宁省凌源市兴晟牧业人工清粪实景

二、半机械清粪

半机械清粪将铲车、拖拉机改装成清粪铲车，或者购买专用清粪车辆、小型装载机进行清粪。目前，铲车清粪工艺运用较多，是从全人工清粪到机械清粪的过渡方式（图 3-2）。清粪铲车由小型装载机改装而成（图 3-3），推粪部分利用了废旧轮胎制成一个刮粪斗，更换方便，小巧灵活。驾驶员开车把清粪通道中的粪刮到牛舍一端的积粪池中，然后通过吸粪车把粪集中运走。

采用这种方式清粪，操作灵活、方便，提高了工作效率，降低了人工成本；但是运行成本高，且只能在牛群去挤奶的时候清粪，工作次数有限，否则工作噪音大，易对牛造成伤害和惊吓。

图 3-2　山东泰安澳亚牧场半机械清粪实景

图 3-3　飞鹤克东牧场的改装清粪机

三、刮粪板清粪

新建的规模牛场主要使用刮粪板清粪，该系统主要由刮粪板和动力装置组成。清粪时，动力装置通过链条带动刮粪板沿着牛床地面前行，刮粪板将地面牛粪推至集粪沟中（图3-4至图3-7）。这种设备初期的投资较大，当牛舍长度在100～120米和200～240米时，设备的利用效率最高；设备的耗电量不超过18度/天，仅需对转角轮进行润滑维护（间隔2～3周）。

该清粪方式能随时清粪，机械操作简便，工作安全可靠，刮板高度及运行速度适中，基本没有噪音，对牛群的行走、饲喂、休息不造成任何影响。刮粪板不需要专门的安装基础，无论是新建的还是旧牛舍，除积粪池外，设备的安装都非常方便。

图3-4 上海牛奶集团种奶牛场刮粪板清粪

图3-5 重庆天友两江牧场刮粪板清粪

图3-6 哈尔滨完达山奶牛场刮粪板清粪

图3-7 辽宁省凤城市升泰奶牛场机械清粪

四、水冲清粪

水冲清粪多在水源充足，气温较高的南方地区使用。采用水冲清粪方式的牛场一般设有冲洗阀、水冲泵、污水排出系统、贮粪池、搅拌机、固液分离机等。用水冲泵将牛舍粪污由舍内冲至牛舍端部的排尿沟，再由排污沟输送至贮存池，搅拌均匀后进行固液分离，固体粪便送至堆粪场经堆积发酵制作有机肥或者直接施入农田，也可晾晒后作为牛床垫料使用；液体进行多级净化或者沼气发酵，也可用作冲洗水塔的循环水源。

污水排出系统，一般由排尿沟、降口、地下排出管及粪水池组成。排尿沟一般设在畜栏的后端，通至舍外贮存池。排尿沟的截面形式一般为方形或半圆形。降口，通称水漏，是排尿沟与地下排出管的衔接部分；为了防止粪草落入堵塞，上面应装铁篦子，在降口中可设水封，以阻止粪水池中的臭气经由地下排出管进入舍内。地下排出管，与排尿管垂直，用于将由降口流下来的尿及污水导向牛舍外的粪水池；在寒冷地区，需对地下排出管的舍外部分采取防冻措施，以免管中污液结冰；如果地下排出管较长时，应在墙外设检查井，以便在管道堵塞时进行疏通。

水冲方式清粪对牛舍地面有一定的要求，牛舍地面必须有一定的坡度、宽度和深度，牛舍温度必须在0℃以上。在寒冷的气候下，如果不能保证牛舍0℃以上的温度，系统很难正常运行，因此，更适合在南方地区使用。水冲清粪也在地面铺设漏缝地板的牛舍使用，地面下设粪沟，尿液从地板的缝隙流入下面的粪沟，固体粪便被家畜踩入沟内，少量残粪通过人工冲洗清理，粪便和污水通过粪沟排入粪水池。牛舍漏缝地板多采用混凝土材质，经久耐用，便于清洗消毒。

水冲清粪方式需要的人力少、劳动强度小，劳动效率高，能保证牛舍的清洁卫生。缺点是：①冲洗用水量大、产生的污水量也大；②粪水贮存、管理、处理工艺复杂；③北方地区冬季易出现污水冰冻的情况。

五、"软床饲养"

所谓软床，就是在牛舍地面上铺设稻草或是锯末做成的垫料，垫料中添加生物制剂。当牛排出的粪尿混合到垫料上后，生物酵素能迅速将其分解，大大降低臭味、氨气等对周围空气的污染。清理出来的牛粪则直接送往牧场中的粪便加工厂，进行无害化处理，生产有机肥料。一般来说，夏天和冬天，一个月清理一次；春秋两季，两个月清理一次。清理后的地面需要喷上消毒剂，防止病菌孳生。

大连雪龙集团采用锯末等原料制作软床（图 3-8），在牧场建设了有机肥料处理中心，对清理出来的牛粪便进一步进行无害化处理，生产有机肥料。

图 3-8　大连雪龙集团软床饲养

第二节　牛场粪污贮存技术

粪便贮存方式因粪便的含水量而异。固态和半固态粪便可直接运至堆粪场，液态和半液态粪便一般要先在贮粪池中沉淀，进行固液分离后，固态部分送至堆粪场，液体部分送至污水池或沼气池进行处理。贮存设施应远离各类功能地表水体，距离不小于 2000 米。贮存设施应采取有效的防渗处理，防止污染地下水，建造顶盖防止雨水进入。

一、堆粪场

堆粪场多建在地上，为倒梯形，地面用水泥、砖等修建而成，且具有防渗功能，墙面用水泥或其他防水材料修建，顶部为彩钢或其他材料的遮雨棚，防止雨水进入。地面向墙稍稍倾斜，墙角设有排水沟，半固态粪便的液体和雨水通过排水沟排入设在场外的污水池。堆粪场适用于干清方式清粪或固液分离处理后的固态粪便的贮存。一般建造在牛场的下风向，远离牛舍；堆粪场的大小根据牛场规模和牛粪的贮存时间而定，用作肥料还田的牛场，应综合考虑用肥的季节性变化，以用肥淡季和高温季节为基础，设计和建造足够容量的堆粪场。

二、贮粪池

贮粪池一般在地下，且用水泥预制板封顶，用来贮存固液混合的粪便和污水。水冲方式清粪的牛场一般建造贮粪池，牛舍冲洗产生的粪尿污水混合物通过地下管道送至贮粪池。部分建有沼气工程的牛场也建有贮粪池。

三、污水池

污水池用来贮存从牛舍排尿沟排出的尿液和冲洗污水，堆粪场排水沟的污水也通过管道送至污水池。污水池一般设在舍外地势较低的地方，且在运动场相反的一侧。底面和墙体表面做好防水，顶部采用水泥预制板封顶。

污水池的容积及数量根据饲养数量、饲期周期、清粪方式及粪水贮存时间来确定。污水池分地下式、地上式（半地上式）两种形式。在地势较低的地区，适合建造地下污水池，地下污水池是一个敞开的结构，侧边坡度为 1:2 ～ 1:3，地面和墙体用混凝土砌成，池底在地下水位的 60 厘米以上。在地势平坦的场区，适合于建设地上污水池，可用砖砌，用水泥抹面防渗。

通常在污水池旁建造贮粪池，牛舍排出的粪液由管道输送到贮粪池，进行简单沉淀后，液体部分由排污泵抽入污水池。

第三节　牛粪沼气生物制能技术

沼气发酵是牛粪污最常用的处理技术之一。由于牛粪污有机质浓度和难降解的纤维素含量高，作为原料进行沼气发酵时，普遍存在调试启动慢、运行不稳定、易出现酸化、不产气或产气率低等问题，这在一定程度上制约了沼气发酵在牛粪处理中的应用。

沼气是有机物经微生物厌氧消化而产生的可燃性气体，它是多种气体的混合物，一般含甲烷 50% ～ 70%，其余为二氧化碳和少量的氮、氢和硫化氢等。其特性与天然气相似。沼气除直接燃烧用于炊事、烘干农副产品、供暖、照明和气焊等外，还可作内燃机的燃料以及生产甲醇、福尔马林、四氯化碳等化工原料。经沼气装置发酵后排出的料液和沉渣，含有较丰富的营养物质，可用作肥料和饲料。

一、厌氧发酵的基本条件

厌氧发酵必须具备以下 3 个基本条件。

1. 沼气池

沼气池是与空气隔绝的厌氧装置，保证沼气微生物生活在严格的厌氧环境中，同时便于收集和贮存沼气。

2. 沼气微生物

它们是沼气的生产者。沼气微生物是一些种类繁多、习性各异的专性和兼性的细菌。对这类物质，我们称之为接种物，是沼气池首次投料的必备原料。

3. 发酵原料

能够被沼气微生物分解利用的有机物。沼气发酵原料主要是牛粪物等家畜禽粪物、农作物的秸秆、青饲料、杂草等。

二、沼气池的基本构造与设计施工

1. 沼气池结构

（1）组成

沼气池的主要组成部分包括：进料口、出料口、水压酸化池、发酵主池、贮气箱、活动盖、贮水圈、导气管、回流管、出肥间和搅拌出料器。

（2）容积

沼气池的容积以日产沼气量为基础划分为以下类型。

特大型：>5000 立方米 / 天；

大型：500 ～ 5000 立方米 / 天；

中型：150 ～ 500 立方米 / 天；

小型：5～150 立方米 / 天。

2. 沼气池选址

工程选址

沼气工程应位于牛场和附近居民区下风向、牛场标高较低处，有较好工程地质条件，并具有方便的交通运输和供水、供电条件。

3. 大中型沼气工程

大中型沼气工程由主体工程、配套工程、生产管理与生活服务设施构成。

（1）主体工程

主体工程主要包括发酵原料预处理单元、沼气生产单元、沼气净化及贮存单元、沼气利用单元、沼渣沼液综合利用单元的生产设备及设施。

发酵原料预处理单元的主要设施包括料液的收集与输送管道（渠）、格栅、沉砂池、调节池（调配）、集料池、固液分离设施、热交换器、水泵以及附属用房等。

沼气生产单元的主要设施是厌氧反应器。目前应用畜禽废水处理的厌氧工艺有全混合厌氧工艺（CSTR）、升流式固体厌氧反应器（USR）、上流式厌氧污泥床反应器（UASB）和厌氧折流反应器，这些反应器的结构及其特点参见第二章中第三节内容。

沼气净化和贮存单元的主要设施有沼气的脱水装置、脱硫装置、提纯装置、过滤器等，以及低压湿式贮气、低压干式贮气、高压贮气等。

沼气利用单元的主要设施有发电机组、集中供气管道、锅炉等。沼气利用单元应设置应急燃烧器，禁止沼气直接排入大气。

沼渣沼液综合利用单元主要是将沼渣沼液作为有机肥料进行农田利用。未能农田利用的沼液采取生物氧化塘、人工湿地等自然处理法进行处理，防止二次污染。

（2）配套工程

配套工程主要包括沼气站内供配电设施、照明设施、工艺控制设施、给排水设施、防雷设施、消防设施、保安监视设施、道路、大门、围墙、通信、运输车辆等。

大中型沼气工程的配套工程应与主体工程相适应。改建、扩建工程应充分利用原有的设施。沼气站内供配电、生产用水、消防用水及生活用水应符合国家现行有关标准的规定；消防设施、防雷接地装置的设置应符合国家现行有关标准的要求；站内应设置必要的通信设施，有条件的应设置安全监视、报警装置。

（3）生产管理与生活服务设施

主要包括办公室、值班室、门卫、食堂、宿舍、公用卫生间等，寒冷地区还应包括采暖设施。其建筑面积视具体情况而定。

4. 沼气池建筑材料

中小型沼气池采用混凝土结构，建筑材料有水泥、中砂、碎石、砖和少量钢筋。

5. 沼气池的施工

沼气池的施工者，必须是经过农村能源部门培训、考核合格，持有上岗证的技工。必须按《农村沼气池施工技术操作规程》（国标），采用砖模或其他模具施工。养殖场应配合技术操作，并做好防雨、防冻、排水和混凝土养护工作。

三、牛粪发酵工艺流程

牛场粪污沼气工程处理工艺流程见图 3-9。

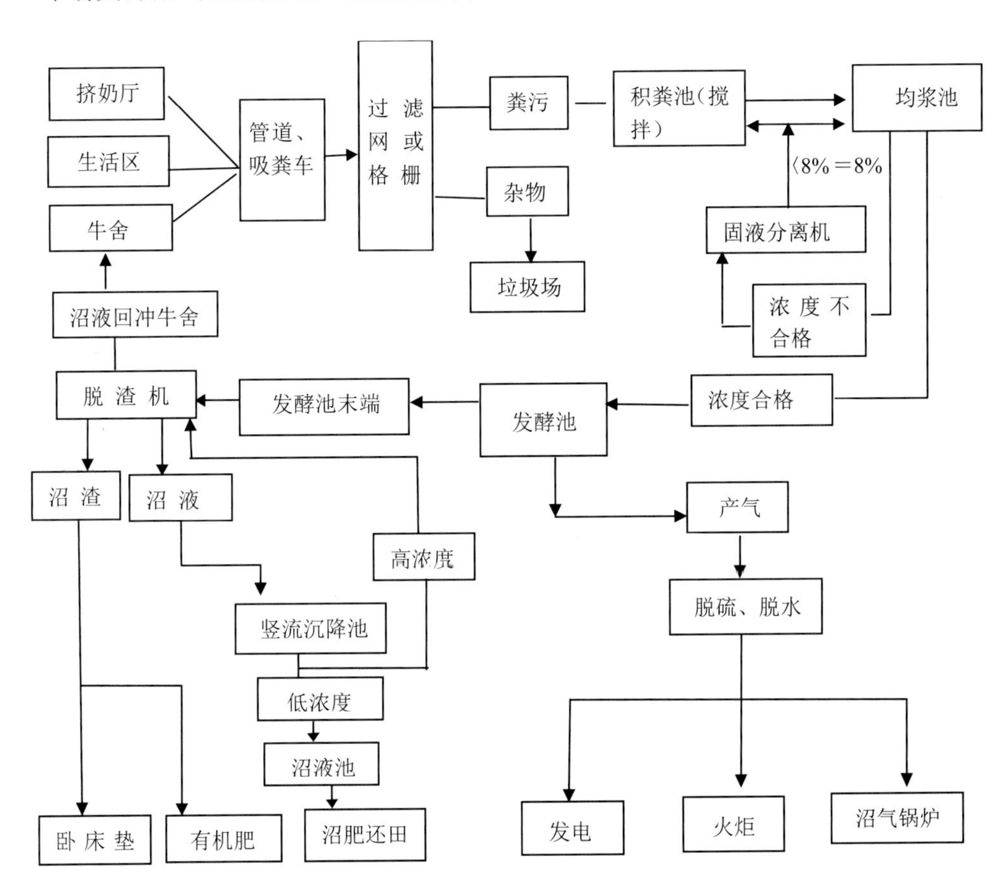

图 3-9　牛场粪污沼气工程处理工艺流程

第四节 牛粪的无害化处理技术

牛粪含有机质 14.5%，氮 0.30% ～ 0.45%，磷 0.15% ～ 0.25%，钾 0.10% ～ 0.15%，是一种能被种植业用作土壤肥料来源的有价值资源。牛粪的有机质和养分含量在各种家畜中最低，质地细密，含水较多，分解慢，发热量低，属迟效性肥料。

一、堆肥化

堆肥技术是牛粪无害化处理和资源化利用的重要途径。牛粪堆肥化在与其他资源的配合发酵、发酵菌剂的优选、添加剂、发酵温度、湿度、发酵后的产物特性等方面，进行了较为系统的研究（详见第二章的第四节）。

二、蚯蚓堆肥化

利用蚯蚓处理畜禽废弃物是一项古老而新生的生物技术，自 20 世纪 80 年代末，国内外很多学者致力于利用蚯蚓处理垃圾的研究，近年来有学者将原产于日本的赤子爱胜蚓应用于牛粪处理，结果表明利用赤子爱胜蚓处理鲜牛粪时，蚯蚓生长繁殖的最佳条件是：每 250 克（湿重）鲜牛粪加 1 毫升 10% 的乙酸溶液，含水率在 60% ～ 70%，温度在 20 ～ 25℃，接种 8 条蚯蚓和 10% 的 EM 菌 10 毫升。蚯蚓堆肥处理产物与自然堆制的腐熟牛粪相比较，矿质氮和速效钾要高于腐熟牛粪，但速效磷无明显差异；微生物量碳氮和酶活性均明显高于自然腐熟牛粪；细菌、真菌和放线菌的数目也高于自然腐熟牛粪，但波动较大。

三、催化氧化处理

用催化氧化方法降解牛粪，使其未消化分解的粗纤维、粗蛋白质、粗脂肪和腐植酸类物质转化为水可溶的有机物质和氨基酸 - 黄腐酸（A-FA）。反应在全封闭条件下进行，全过程无废气、废液、废渣排放。产品中水溶有机物质组成包括黄腐酸、氨基酸、其他低分子有机酸和糖类。羧基、酚羟基等活性官能团含量略高于风化煤和泥炭黄腐酸，接近于土壤黄腐酸。E4/E6（E4、E6 分别表示腐殖酸溶液在 465 纳米和 665 纳米处的吸收值）和凝聚极限都较高，对作物幼苗生长的促进作用和对化肥的显示增效作用都很明显，表明该产品具有相当高的化学活性和生物活性。

四、牛粪制备汽油

东京大学农业和科技项目研究小组，通过使用高压和加热的技术，成功地从每 3.5 盎司（1 盎司≈ 28.35 克）的牛粪中提取出 0.42 盎司的汽油。研究小组将牛粪放进一个容器，向其中加进几种金属催化剂，然后对容器实施高温高压处理，最终成功提取出了少量的汽油。

五、牛粪制备型煤和活性炭

用成型技术将含有大量植物纤维的牛粪与煤炭混合制成生物质型煤，不但可以提升煤的燃烧性能，而且可以降低燃烧时硫的排放量。添加湿牛粪的型块强度要比烘干牛粪、晾晒牛粪较好。型块强度随着牛粪的加进有较大的变化。在加进 20% 左右的牛粪时型块强度比达到了最高值，随着牛粪加进量的增加强度开始下降，但在加进量到 50% 以后强度又开始增加。随着成型压力的增加，不同配料的型块的成型强度都在增加。

在我国部分地区用牛粪添加少量木屑，烧制出活性炭，成为生产电池芯、炸药的优质原料。用牛粪烧炭粉，只需极少的木材，比传统方法生产活性炭节约木材 97.5%。生产 1 吨炭，用传统方法至少需要 4 吨木材，而以牛粪为主要原料只要添加木材 0.1 吨。日产 5 吨的规模，一年可节约木材 7100 多吨。

六、用于水产养殖

由于饲料在牛体内被微生物降解程度高，因此，牛粪对水中氧气的消耗比其他畜禽粪便低。实践证实，鱼塘施牛粪，鱼塘缺氧浮头现象少。单纯用牛粪肥养鱼，应以滤、杂食性鱼为主，通常鲢占总放养量的 65% 左右，鳙占 15% ～ 20%，鲤占 7% 左右，鲫和罗非鱼占 3% 左右，团头鲂占 5% 左右。兼用青饲料和牛粪肥养鱼，可适当增加青、鳊等草食性鱼类的放养量，一般草食性鱼类占放养量的 15% ～ 20%，产量为总产量的 12% 左右。在鱼种放养上，按比例减少鲢、鳙的放养量。

牛粪养鱼时不需要发酵，用新鲜粪肥更好。投放次数和量要根据天气、水色、鱼类生长和浮头情况灵活把握。表 3-1 是苏南鱼塘各月施牛粪的比例和每月的次数。

表 3-1　鱼塘各月施放牛粪的情况

月份	均匀水温（℃）	比例（%）	每月次数
1 ～ 2	<6	15	4
3	13	10	5
4	16	10	8
5	24	12	10
6	25	12	12
7	28	13	15
8	29	12	15
9	25	10	10
10	21	6	5

美国夏威夷海洋生物研究所把干牛粪作虾饵料添加剂收到良好效果。具体方法：把牛粪收集起来经烘干、消毒、脱臭、磨粉等工艺，对 1 ～ 14 周龄的虾，在饵料中添加 50% ～ 60% 的牛粪粉；1 周龄以下的虾添加 20% ～ 40% 的牛粪粉。虾的生长速度比对照组大大加快，虾的饵料成本下降 35% ～ 45%。

第五节　牛场污水的处理技术

牛场污水的处理和利用方法有以下几种。

一、物理处理法

物理处理是利用格栅、化粪池或滤网等设施进行简单的处理方法。经物理处理的污水，可除去 40% ～ 65% 的悬浮物，并使 BOD5（生化需氧量）下降 25% ～ 35%。

污水流入化粪池，经 12 ～ 24 小时后，使 BOD5（生化需氧量）降低 30% 左右，其中的杂质下沉为污泥，流出的污水则排入下水道。污泥在化粪池内应存放 3 个月至半年，进行厌气发酵。如果没有进一步的处理设施，还需进行药物消毒。

二、化学处理法

是根据污水中所含主要污染物的化学性质，用化学药品除去污水中的溶解物质或胶体物质的方法。

1. 混凝沉淀

用三氯化铁、硫酸铝、硫酸亚铁等混凝剂，使污水中的悬浮物和胶体物质沉淀而达到净化目的。

2. 化学消毒

消毒的方法很多，以用氯化消毒法最为方便有效，经济实用。

三、生物处理法

利用污水中微生物的代谢作用分解其中的有机物，对污水进行处理。

1. 活性污泥法（又称生物曝气法）

在污水中加入活性污泥并通入空气进行曝气，使其中的有机物被活性污泥吸附、氧化和分解，达到净化的目的。活性污泥由细菌、原生动物及一些无机物和尚未完全分解的有机物所组成，当通入空气后，好气微生物大量繁殖，其中以细菌含量最多，许多细菌及其分泌物的胶体物质和悬浮物黏附在一起，形成具有很强吸附和氧化分解能力的絮状菌胶团。所以，在污水中投入活性污泥，即可使污水净化。

活性污泥的一般流程：污水进入曝气池，与回流污泥混合，靠设在池中的叶轮旋转、翻动，使空气中的氧进入水中，进行曝气，有机物即被活性污泥吸附和氧化分解。从曝气池流出的污水与活性污泥的混合液，再进入沉淀池，在此进行泥水分离，排出被净化的水，而沉淀下来的活性污泥一部分回流入曝气池，剩余的部分则再进行脱水、浓缩、消化等无害化处理或厌气处理后利用（原理与生产沼气同）。

2. 生物过滤法（又称生物膜法）

使污水通过一层表面充满生物膜的滤料，依靠生物膜上大量微生物的作用，并在氧气充足的条件下，氧化污水中的有机物。

（1）普通生物滤池

生物滤池内设有碎石、炉渣、焦炭或轻质塑料板、蜂窝纸等构造和滤料层，污水由上方进入，被滤料截留其中的悬浮物和胶体物质，使微生物大量繁殖，逐渐形成由菌胶团、真菌菌丝和部分原生动物组成的生物膜。生物膜大量吸附污水中的有机物，并在通气良好的条件下进行氧化分解，达到净化的目的。

（2）生物滤塔

滤塔分层设置承有滤料的格栅，污水在滤料表面形成生物膜，因塔身高，使污水与生物膜接触的时间增长，更有利于生物膜对有机物质的氧化分解。据试验，猪场污水处理后，其化学需氧量（COD）从 5300 ～ 32500 毫克 / 升降为 900 ～ 1400 毫克 / 升；悬浮物（SS）从 15000 ～ 47000 毫克 / 升降为 400 ～ 500 毫克 / 升。所以，生物滤塔具有效率高、占地少、造价低的特点。

（3）生物转盘

由装在水平轴上的许多圆盘和氧化池（沟）组成，圆盘一半浸没在污水中，微生物即在盘表面形成生物膜，当圆盘缓慢转动时（0.8 ～ 3.0 转 / 分），生物膜交替接触空气和污水，于是污水中的有机物不断被微生物氧化分解。据试验，生物转盘可使 BOD5 除去率达 90%。

经处理后污水，还需要进行消毒，杀灭水中的病原微生物，才能安全利用。

第六节　牛粪的卧床垫料利用技术

粪便资源化利用的方式很多，作为卧床垫料是牛粪利用方法之一（图 3-10）。

图 3-10　牛粪卧床垫料利用

牛床舒适与否直接影响奶牛的上床率，从而影响奶牛的趴卧休息时间、身体健康状况，进而影响其产奶量。如果牛床是水泥地面，奶牛休息大约只有 7 小时；如果牛床上有舒适的垫料，其休息时间则能达到 14 小时以上。同时，干净和干燥的牛床垫料还可减少细菌繁殖和蹄病的发生率，保障奶牛的健康。

一、牛粪作为牛床垫料的优点

将奶牛场的粪污经固液分离，固体牛粪再经堆积发酵或条垛发酵无害化处理后作为卧床垫料，既解决了牛床垫料的来源问题，也开拓了牛粪的利用渠道，一举多得。

牛粪作为牛床垫料与其他常用垫料相比具有明显的比较优势：①与稻壳、木屑、锯末、秸秆等垫料材料相比，牛粪不需要从市场购买，不受市场控制。②与橡胶垫料比，不仅成本低，且其舒适性、安全性较好。③与沙子比，不会造成清粪设备、固液分离机械、泵和筛分器等严重磨损，在输送过程中不易堵塞管路，不会沉积于贮液池底部，不需要经常清理。④与沙土比，牛粪松软不结块，不容易导致奶牛膝盖、腿部受伤，且有利于后续的污粪处理。

牛粪作为牛床垫料既卫生又安全，具有保障奶牛健康，提高奶牛卧床舒适度，减少肢蹄疾病，易于粪污处理的特点，经济、生态、社会效益显著，在美国、加拿大应用很普遍。

二、牛粪垫料制作工艺

尽管牛粪含水量较高，一般在 80% ～ 90%，而且还含有大量的病原微生物、寄生虫卵等有害物质，但经过干燥和无害化处理后可作为垫料使用。研究表明，牛粪的含水量主要由纤维和胶体形成致密的网状结构而蓄积大量水分引起，因此，固液分离是目前降低牛粪含水量的常用方法，通过机械破坏牛粪中致密的网状结构而达到脱水目的；牛粪的无害化处理的方法很多。目前，以厌氧堆积发酵和有氧条垛发酵的方法居多。

1. 牛粪干燥及无害化处理方法

（1）固液分离

奶牛场的粪污收集到混合池，经搅拌后进行固液分离。国内外比较成熟的固液分离设备有国产“百奥”固液分离机（图 3-11）和螺旋式分离机（图 3-12）以及进口固液分离机（图 3-13）。

“百奥”固液分离机每小时分离牛粪浆液 40 ～ 50 立方米，分离出固体物 5 ～ 6 立方米，固体物的干物质可达 50% ～ 70%。该设备可根据固态物质的不同要求调节干湿度。使用该设备进行有机肥生产的实践证明效果良好，且投资较小，一个存栏 1000 头的奶牛场，需要 1 台固液分离机，再配上 1 台回转式格栅机，投资约需 10 万元，每天固液分离时间为 6 小时。

图 3-11　固液分离机

螺旋式分离机（图 3-12）其吸收国外固液分离技术，根据国内畜禽养殖特点设计的固液分离专用设备。每小时可处理牛粪水 40 ～ 80 立方米；可依据牛粪的不同，调节出料牛粪的干湿度，分离出后的牛粪含干物质可达 40% ～ 50%。1000 头的牛场，日产生粪污水 100 立方米，一次性投资 15 万元，日运行 2 小时以内，可分离固体物 5 ～ 8 吨。具有占地面积小、造价低、安装方便、操作简单、运行费用低、使用寿命长等特点；工作效率与原牛粪废水的储存时间、干物质的含量、原粪水的黏性等因素有关。

进口固液分离机在美国、加拿大的牧场中广泛应用，且都取得了良好的经济效益。但投资较大，一个存栏 1000 头的牧场，一次固液筛分设备投资约 75 万元，每天的工作时间为 2 小时。意大利进口固液分离机（图 3-13），既可以用于分离粪污处理前，也可以用于沼气发酵后期的固液分离。其整机结构为铸铁材料，筛筒为不锈钢材料，耐腐蚀性强。筛筒的筛网直径 0.25 ～ 1 毫米，可分离出液体中细小的固体颗粒；不同型号的设备，处理粪污量在 4 ～ 70 立方米。具有用电负荷小、分离效率高、机身小巧、占地面积小、安装灵活便捷等优点。

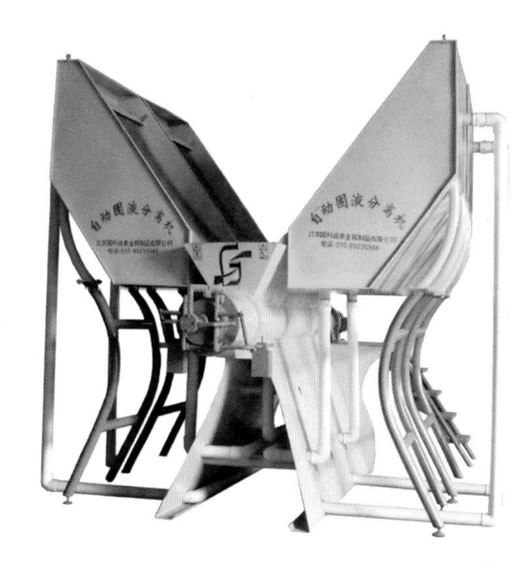

图 3-12　螺旋式固液分离机

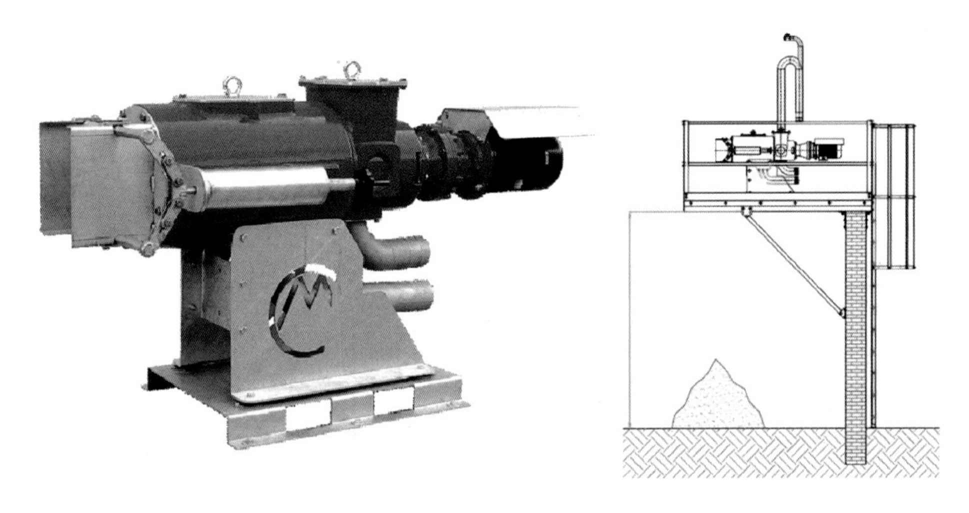

图 3-13　螺旋挤压式固液分离机

条垛堆肥将干湿分离后、含水量低于 70% 的固体物料堆制成堆宽 4 ～ 6 米，高 1.5 米左右的堆垛（长度视粪量和场地确定），在露天或者钢筋棚架下发酵处理，采取强制通风和翻堆机翻堆给发酵料堆供氧，料堆有机物在微生物作用下发酵分解，产生二氧化碳和水，同时产生热量，使堆温上升。在发酵期间，不设强制通风设备的条垛，原则上应当每隔两天翻堆一次（图 3-14），到第 12 天，将料堆摊开晾晒风干 2 天，水分降到约 50% 即可作为牛卧床垫料使用。若采取强制通风发酵的条垛，只要分别在第一天和第五天翻堆两次，到第 10 天将料堆摊开晾晒风干 2 天，水分降到约 50% 即可。如果想进一步降低水分，只需增加晾晒风干时间。这种方法多适用于大中型规模奶牛场。

图 3-14　翻堆机翻抛牛粪

以上发酵时间都指的是夏季气温较高的情况下，若秋冬季气温较低时，发酵时间要适当延长。决定发酵时间长短的方法和依据是坚持温度测定，保证每隔一天测定一次温度，保证堆内 55℃以上高温持续时间不低于 1 周，达到无害化处理的目标为准。

采用条垛好氧发酵遇雨雪天气时，可采用草苫子遮盖，也可用塑料布覆盖遮雨，但雨雪过后，应当及时揭开覆盖物，避免料堆出现厌氧反应。

（2）堆积发酵

首先通过固液分离将牛粪中含水率降低至 65% 左右，也可以通过添加木屑、稻草等辅料调节牛粪含水率。在适宜含水率的情况下，牛粪能依靠自然微生物菌群进行发酵，实现无害化。

具体方法是将含水率 70% 的固形物，堆成为顶宽 1 米，底宽 3 米，高 1.2 米，长 5 ～ 10 米的堆体，采用塑料膜盖顶，四周用土压实，堆积发酵 6 周后，掀开塑料膜，经晾晒风干水分达到 45% ～ 50% 即可作为垫料使用。这种方法多适用于小规模奶牛场。

2. 牛床建造设计

（1）隔栏

横栏离地高度以勿让牛跳入另一牛床为宜（约 1.2 米），栏杆长度不宜过长，无需与牛床边对齐，可留出 10 ～ 20 厘米。建在牛舍的栏杆一定要结实，防止被牛碰掉。

（2）卧床

地面先用黏土夯实，再铺水泥床面。如果牛床建造以土面为床底，可加少量石灰拌黄土夯实。卧床做成槽式，槽深 15 ～ 20 厘米，避免垫料散落出床外。牛床后沿比运动场水平高度高出 20 厘米，前沿一般高出运动场 10 厘米左右。过高，则奶牛上床入睡时困难，前脚很难踏上床沿，有时还会损伤前脚关节和损伤皮肤；下床采食时，容易蹩住牛腿，使牛脚受伤。

牛床从后至前应有 4% 的坡度。牛床上的垫料也应有同样的坡度，一般在 3% ～ 5%。模仿奶牛在草地上的自然条件的坡度，奶牛躺卧最舒适。前高后低的卧床可以方便卧床内的尿液和水流到卧床后端。坡度过大，则奶牛受重力的原因睡起来感觉不适；坡度过小，睡床内积的粪尿不易排除，积聚在卧床内，浸湿奶牛被毛，给挤奶带来不便，且奶牛容易患乳房炎。

（3）排水口

在设计牛床时，应在睡床前沿左右和中间的水泥炕沿各设计一个直径为 3 ～ 5 厘米的长方形缺口，避免牛床积水、粪、尿过多而无法排除，保持卧床的清洁和干燥，降低病原微生物的生长和繁衍的机会，从而减少疾病的发生。在生产中，要经常检查这三个小洞是否被堵，保证卧床不积水。

（4）活动颈杠

距床前端 150 厘米处，设置一活动颈杠，用以驱使奶牛站立排粪时将粪便排于运动平面上，减少污染床面。

（5）牛粪垫料的使用

牛粪卧床垫料一般铺设 15 ～ 20 厘米，铺平牛床。牛床投入生产时，必须按时补充垫料，保持垫料厚度。用量一般为 9 千克 / 头 • 天，每周添加一次，保持垫料的清洁卫生，避免牛床上积累牛尿牛粪过多引起牛床湿滑，导致奶牛摔倒，损伤肢蹄。对于好的卧床，奶牛在其上的休息时间可达 16 小时。

第七节　牛粪的生物利用技术

牛粪生物利用技术主要指通过生物对牛粪中的有机营养物质进一步利用，将粪便转化为可再生饲料资源，减少污染，实现变废为宝和促进养殖增收的牛粪处理有效途径。

牛粪生物利用技术主要有牛粪养殖蚯蚓、蝇蛆。

一、牛粪养殖无菌蝇蛆

家蝇的养殖可分为无菌种蝇的养殖及普通培育两种方法。无菌蝇蛆的产量高、营养价值高、无菌、无臭味、实用，但技术含量高，适合规模化养殖场。

1. 养殖设备

蝇笼。笼高 1.5 米(其中笼脚 50 厘米)，宽 60 厘米，长 100 厘米。笼的底面可用三合板，四周用12 目的铁纱窗钉上。在长方形的一面开个10 厘米 ×10 厘米大的洞口，缝上1 个裤脚，作为换料进出口。育蛆平台，为 10 厘米的斜坡平台，台内用水泥抹面。

2. 生产流程

育蛆原料配方：80% 鲜牛粪、10% 麦麸和 10% 花生渣。集卵原料配方：80% 鲜牛粪、10% 麦麸，9.5% 花生渣和 0.5% 碳酸氢氨。种蝇饮料配方：5% 黄糖，5% 奶粉，5% 鲜鸡蛋，0.2% 维生素 C、0.2% 蛋氨酸和 84.6% 水。

粪料的发酵。用 EM（有益微生物群）按 1：10 的比例稀释发酵，湿度在 70% ～ 80%，混合发酵 1 ～ 2 天即可使用。把集卵原料放进育蛆平台的粪料上，次日可见幼蛆，2 天后可见成熟的蛆虫爬出粪堆，向平台稍高的一侧爬行，取出用 1/5000 的高锰酸钾溶液漂洗 10 分钟即可使用。

投料、集蝇卵和取蛆的时间。投料（种蝇饲料）：不定时，观察吃完便投，注意每次投料不可太多，防弱死。集卵原料早上放入笼内，晚上取出放进育蛆平台。取蛆时间视生产和运用而定。按该技术养殖，每天每个笼可产出 10 千克的蝇蛆。

每批粪原料中能生产出一批蝇蛆，之后粪料还可用于养殖蚯蚓，让蝇蛆生长在适温范围内，温度偏高或偏低，均影响出蛆时间。因此，生产计划要根据气温变化随时调整，以保证鲜蛆产量稳定、平衡供应。

二、牛粪养殖蚯蚓

蚯蚓俗名“曲蟮”，中药材名“地龙”，属环节动物门毛足纲寡毛目，喜食各种有机废弃物，麦秆、稻草、野草和畜禽粪便都可以作为其饲料。蚯蚓的抗病力和繁殖力都很强，容易饲养。牛粪加入生物发酵剂，使其发酵除去氨味并疏松透气，用以养殖蚯蚓，每 1000 千克牛粪可年产鲜蚯蚓近 800 千克。

1. 蚯蚓的使用价值

蚯蚓蛋白质含量高，可满足所有水产动物对饲料营养的需要。蚯蚓还可以直接出售给钓鱼爱好者做鱼饵，售价很高。鲜蚯蚓风干或烘干后粉碎加工成为蚯蚓粉，其蛋白质含量高达 70%。一般每 6 千克鲜蚯蚓可加工成 1 千克蚯蚓粉，其原料干蚯蚓市场参考价格为每千克 35 元左右。据研究，在饲料中添加 5% ～ 10% 的蚯蚓粉，畜禽生长速度可提高 30% 左右；喂鸡产蛋量提高 17% ～ 25%；使用鲜蚯蚓喂鳖增产 20%，产卵率提高 51%，成活率提高 30%。鲜蚯蚓还可以加工成蚯蚓液。蚯蚓消化道中有 10 多种蛋白水解酶和纤溶酶等，利用这些酶水解体蛋白，使之变成可溶性的活性肽和氨基酸，作为添加剂可以被其他动物体完整地吸收，发挥其抗病促长作用。另外，利用现代生物技术，可以从蚯蚓中提取防治疾病的药品和保健品，如蚓激酶等，则附加值更高。

2. 蚯蚓对牛粪的处理

养过蚯蚓的牛粪变成了蚯蚓粪。蚯蚓粪属中性有机肥，含氮、磷、钾及有机质极为丰富。具有干净、卫生、无异味、通风透气性好，保水、保肥性好，肥力持续时间长，促进植物生长，不污染环境等优点，每吨蚯蚓粪售价在 1000 元以上。蚯蚓粪除用作用植物的优质生物肥外，还含有丰富蛋白质和 17 种氨基酸等营养成分，是鲢、鳙、鲤、鲫等鱼的好饲料。用蚯蚓粪养鱼类、田螺等不会恶化水质，肥效持久，是其他有机肥、化肥不能替代的有机肥料。在鱼饲料中加入 15% ～ 30% 的蚯蚓粪替代部分玉米，能增加饲料的适口性和鱼类抗病能力。

3. 蚯蚓饲养方法

蚯蚓可建池饲养或立体饲养。建池饲养时，在地面挖出大小合适的坑（图 3-15），做到防逃防积水即可；立体饲养时，搭架建槽，每层间隔 40 厘米；也可用木箱、篓、盆、缸，室内堆料饲养。

准备组合饲料。 由牛粪、农作物秸秆（树叶或杂草）和果皮果渣（西瓜皮、烂水果、橘子等）等组成。牛粪与果皮果渣约占 70%。

温湿度条件。①最适温度 10 ～ 30℃。在冬季稍加遮盖即可，不让蚯蚓冬眠，但不可暴晒及雨淋。②蚯蚓对湿度要求不高，相对湿度为 60% ～ 70%，一般按新鲜牛粪直接投入即可，如果堆放太久偏干，可稍喷些水，水分掌握在用手握料，手指间见水珠但不滴下为宜。酸碱度 pH 值在 6 ～ 8。

投放种苗。先在蚯蚓养殖池里（或木箱、室内地板上），平铺新鲜牛粪 15 ～ 20 厘米，然后在其上铺种苗（每平方米料投入 3000 ～ 5000 条为宜），品种以大平 2 号、北星 2 号为优。

日常管理。一般每 20 天观察一次，并加料一次。每 40 天可成倍扩大饲养面积。一般每 40 天一周期，一年可养 9 批。

采收方法。用铁丝网装一个筛子（用木片固定），然后将蚯蚓连土放在筛子上，放在太阳光下，蚯蚓怕光怕热，即往下钻，筛子底下放一盘子即可收集蚯蚓。

定时清出卵茧，提高孵化率。在气温 15 ～ 28℃的季节里，每隔 10 ～ 15 天将卵茧从蚯蚓养殖床内清理出来，放到预先准备的蚯蚓床上进行孵化。蚯蚓床必须通气良好，相对湿度控制在 56% ～ 60%，卵茧孵化 15 ～ 20 天便可出幼蚓，孵化率达 95% 以上。

蚯蚓为雌雄同体，异体受精。性成熟的蚯蚓每隔七八天产卵一次，一只卵可孵出三四条小蚯蚓，2 ～ 3 个月成熟，4 ～ 6 个月可繁殖十倍。

图 3-15　牛粪养殖蚯蚓实景

第四章　鸡场粪污处理主推技术

鸡粪是鸡场的主要废弃物。由于鸡的消化道短，鸡采食的饲料在消化道内停留时间比较短，鸡消化吸收能力有限，所以，鸡粪中含有大量未被消化吸收、可被其他动植物所利用的营养成分，如粗蛋白质、粗脂肪、必需氨基酸和大量维生素等。同时，鸡粪也是多种病原菌和寄生虫卵的重要载体，科学地处理和利用鸡粪，不仅可以减少疾病的传播，还可以变废为宝，产生较好的社会、生态和经济效益。

第一节　规模鸡场清粪技术

一、机械清粪技术

机械清粪利用专用的机械设备替代人工清理出笼养鸡舍地面的固体粪便，机械设备直接将收集的固体粪便运输至鸡舍外，或直接运输至粪便贮存设施；地面残余粪尿同样用少量水冲洗，污水通过粪沟排入舍外贮粪池。

1. 刮板清粪

刮板清粪是机械清粪的一种，在笼养鸡场广泛使用（图 4-1）。刮板清粪主要分链式刮板清粪和往复式刮板清粪，通过电力带动刮板沿纵向粪沟将粪便刮到横向粪沟，然后被排出舍外。

图 4-1　刮板式清粪机

往复式刮板清粪装置由带刮粪板的滑架、驱动装置、导向轮、紧张装置和刮板等部分组成。刮板清粪装置安装明沟或漏缝地板下的粪沟中，清粪时，刮粪板作直线往复运动，进行刮粪。

链式刮板清粪装置由链刮板、驱动器、导向轮、紧张装置等组成，通常安装在畜舍的明沟内，驱动器通过链条或钢丝绳带动链刮板形成一个闭合环路，在粪沟内单向移动，将粪便带到鸡舍污道端的集粪坑内，然后由倾斜的升运器将粪便送出舍外。

刮板清粪的优点是：①能做到一天 24 小时清粪，时刻保持鸡舍内清洁；②机械操作简便，工作安全可靠；③其刮板高度及运行速度适中，基本没有噪音，对鸡不造成负面影响；④运行和维护成本低。

刮板式清粪的缺点是链条或钢丝绳与粪尿接触容易被腐蚀而断裂。

2. 输送带清粪

输送带式清粪主要用于叠层养鸡舍，在过去几十年中成功用于笼养鸡舍的粪便收集（图 4-2）。输送带式清粪系统由电机和减速装置、链传动、主动辊、被动辊、承粪带等部分组成。其工作原理是：承粪带安装在每层鸡笼下面，鸡排泄的粪便自动落入鸡笼下的承粪带，并在其上累积，当系统启动时，由电机和减速器通过链条带动各层的主动辊运转，在被动辊与主动辊的挤压下产生摩擦力，带动承粪带沿鸡笼组长度方向移动，将鸡粪输送到下一端，然后由端部设置的刮粪板刮落，实现清粪。该系统间歇性运行，通常每天运行 1 次。

图 4-2　鸡粪的搬运装置

目前，国内输送带式清粪系统的主要结构参数为：驱动功率 1 ～ 1.5 千瓦，运行带速 10 ～ 12 米 / 分，输送带宽度 0.6 ～ 1.0 米，使用长度≤ 100 米。鸡场可根据鸡舍饲养鸡的数量和鸡笼宽度等选择合适的清粪系统参数（图 4-3）。

图 4-3 输送带式清粪系统

二、人工清粪技术

人工清粪即通过人工清理出鸡舍地面的固体粪便，人工清粪只需用一些清扫工具、手推粪车等简单设备即可完成，主要用于网养鸡场。

鸡舍内大部分的固体粪便通过人工清理后，用手推车送到贮粪设施中暂时存放；地面残余粪尿用少量水冲洗，污水通过粪沟排入舍外贮粪池。该清粪方式的优点是不用电力，一次性投资少，还可做到粪尿分离；缺点是劳动量大，生产效率低。因此，这种方式通常只适用于家庭养殖和小规模养鸡场。

三、半机械清粪

对于网养鸡场，人工清粪效率低，国内又没有专门的清粪设备的情况下，我国推出了用铲车改装而成的清粪铲车，可将其看成是从人工清粪到机械清粪的一种过渡清粪方式。

机动铲式清粪车通常由小型装载机改装而成，推粪部分利用废旧轮胎制成一个刮粪斗，也可在小型拖拉机前悬挂刮粪铲组成，利用装载机或拖拉机的动力将粪便由粪区通道推出舍外。

铲式清粪机的优点是：①灵活机动，一台机器可清理多栋鸡舍；②结构简单，维护保养方便；③清粪铲不是经常浸泡在粪尿中，受粪尿腐蚀不严重；④不靠电力，尤其适用于缺少电力的养殖场。

铲式清粪机的缺点是：①该机器燃油，运行成本较高；②不能充分发挥原装载车的功能，造成浪费；③机器体积大，需要的工作空间大，工作噪音较大。

第二节　规模鸡场粪污条垛堆肥技术

条垛堆肥是将混合好的原料堆垛成行，通过机械设备进行周期性的翻动堆垛，保证各种原料的充分好氧发酵，完成堆肥生产。条垛堆肥操作简便灵活，运行成本低，被广泛应用于鸡场粪污处理（图 4-4 和图 4-5）。

图 4-4　露天条垛堆肥

图 4-5　露天机械化条垛堆肥

一、发酵工艺流程

条垛堆肥通常由前处理、一次发酵（主处理或主发酵）、二次发酵（后熟发酵）以及后续加工、贮藏等工序组成，其工艺流程见下图（图 4-6）。

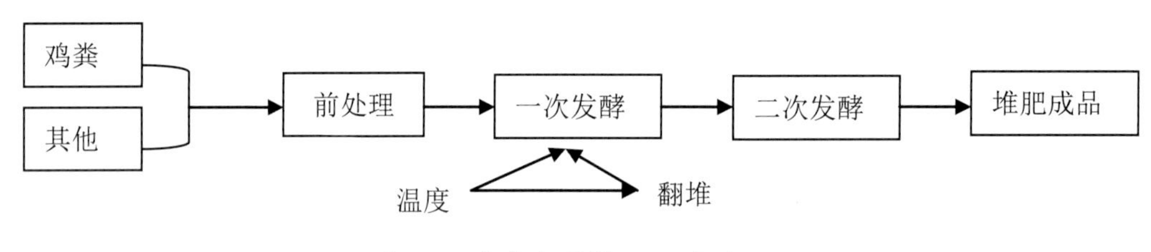

图 4-6 鸡粪条垛堆肥工艺流程

1. 前处理

将鸡粪原料水分含量调节至 60% ～ 70%，在水泥地上或铺垫塑料膜的泥地上堆垛。条垛形状为梯形、不规则的四边形或三角形，高度不超过 1.5 ～ 2.0 米，宽度控制在 1.5 ～ 3.0 米。

2. 一次发酵

一般由温度开始上升到温度开始下降的阶段称为一次发酵阶段。将鸡粪堆成条垛，由于堆肥原料、空气和土壤存在着大量的各种微生物，所以很快就进入发酵阶段。发酵初期有机物质的分解主要是靠中温型微生物（30 ～ 40℃）进行，该过程维持 3 ～ 4 天。随着温度的升高，最适宜生活在 45 ～ 65℃（最高温度不宜超过 75℃）的高温菌逐渐取代了中温型微生物，在此温度下，各种病原菌、寄生虫卵、杂草种子等均被灭杀。为了提高无害化效果，这一阶段鸡粪发酵至少应保持 2 ～ 3 周。当堆垛容积减少 30% ～ 33%，水分去除 10% ～ 12%，发酵物无恶臭，不招苍蝇，蛔虫卵死亡率≥ 95%，大肠杆菌在规定指标内，表示该过程结束。为了促进好氧性微生物活动，在堆肥一次发酵过程中通过搅拌和强制通风向堆肥内部通入氧气，每天翻堆通风一次。

3. 二次发酵

将经过一次发酵后的物料送到二次发酵场地继续处理，使一次发酵中尚未完全分解的易分解的、较难分解的有机物质继续分解，并将其逐渐转化为比较稳定和腐熟的堆肥。一般二次发酵的堆积高度可以在 1 ～ 2 米，只要有防雨、通风措施即可。在堆积过程中每 1 ～ 2 周要进行一次翻堆。二次发酵的时间长短视鸡粪含量和添加水分调节材料性质而定，一般堆肥内部温度降至 40℃以下时就表现二次发酵结束，即可以进行堆肥风干和后续加工。

通常纯鸡粪堆肥二次发酵需要 1 个月左右的时间，添加秸秆等类材料时二次发酵在 2 ～ 3 个月，而添加木质材料如锯末、树皮等情况下二次发酵需要 6 个月以上的时间。

4. 菌剂的添加

在满足堆肥发酵所需条件下，额外加入菌剂，可以加速鸡粪原料的快速分解和腐熟，添加的量及时间根据不同菌剂确定。

二、工艺参数要求

堆肥化是一个复杂的生物工程，为实现快速、高效的好氧堆肥，必须进行各种工艺条件的优化和控制。

1. 碳氮比（C/N）

堆体里面的有益微生物活性只有保持在一个适当的碳氮比例的状态下才能发挥最大的效能。总体来说，20：1 至 30：1 比较适宜。鸡粪的碳氮比只有 3.15：1，所以，在鸡粪堆肥进入发酵过程之前需要混合一定量含碳素高的填充原料，将鸡粪堆体碳氮比例调整到一个比较合适范围。

2. 水分含量

水分含量直接影响堆肥的质量和成败。大量的研究结果表明，堆肥的起始含水率以 60% 左右为佳，在实际操作中，以手紧握原料能挤出水滴为适宜。

3. 供氧

在鸡粪堆肥过程中，供氧状况是通过温度和气味来反映。实际堆肥过程中要采取辅助增氧措施以满足堆肥有机物生化反应对氧气的需要，目前常用的是采用翻堆或强制通风方式。由于堆体与空气的接触面大，一般通过翻堆就能满足其供氧需要，不需要配置配套的强制通风设备。

翻堆的频率及次数应该视鸡粪质地、填充物性质和堆温变化来确定，正常情况下只需每天翻堆一次。如采用强制通风措施，可采取间歇式方式，每天上午及下午各一次，每次 10 ～ 30 分钟，通风量为 0.05 ～ 0.2 立方米 / 分。

4. 温度

温度是堆肥系统微生物活动的反映。堆肥作为一种生物系统，对温度的要求是有一定范围的，温度过高或过低都会减缓反应速度。一般而言，嗜温菌最适合的温度为 30 ～ 40℃，而嗜热菌发酵的最佳温度为 45 ～ 60℃。在初期，堆层处于中温，嗜温菌活跃，大量繁殖。它们在利用有机物的过程中，一部分会转化成热量，从而促使堆层温度不断上升，1 ～ 2 天后堆层温度可达 60℃，在这样的温度下，嗜温菌大量死亡，而嗜热菌活力得到激发，嗜热菌的大量繁殖和温度的明显升高使堆层发酵直接由中温进入高温，并在高温范围内稳定一段时间。

堆肥最适合温度在 45 ～ 60℃，温度的调节可以通过翻堆来完成。当堆体温度在 55℃保持 3 天以上（或 50℃以上保持 5 ～ 7 天），即能满足粪便无害化卫生要求（表 4-1）。

表 4-1　常见病原物致死的温度和时间

病原物	温度（℃）	时间（分钟）
沙门氏伤寒菌	55 ～ 60	30
沙门氏菌	55	60
志贺氏杆菌	55	60
内阿米巴溶组织的孢子	45	很短
绦虫	55	很短
螺旋状的毛线虫幼虫	55	很快
微球菌属化脓菌	50	10
链球菌属化脓菌	54	10
结核分枝杆菌	66	15 ～ 20
蛔虫卵	50	60
埃希氏杆菌	55	60

5. 有机质含量

有机质是微生物赖以生存和繁殖的重要因素。条垛式高温好氧堆肥合适的有机质含量范围为 20% ～ 80%。鸡粪的有机质含量为 30% ～ 40%，基本满足高温好氧堆肥对有机质含量的要求。

6. pH 值

一般来说，pH 值在 3 ～ 12 都可以进行堆肥。但研究表明，当堆体 pH 值为 6 ～ 9 时，堆肥效果最佳。鸡粪的 pH 值约为 7.84，处于合适的范围。

三、堆肥腐熟度的评判与质量控制

堆肥的腐熟度是指堆肥的稳定化程度，它是评价堆肥质量的最重要参数之一。对堆肥腐熟度的评价很难用单个指标来衡量，往往需要各种指标进行综合评价与判断。这些指标包括外观、温度等工艺参数、化学参数和生物学参数等。

1. 外观

直观定性判断标准是堆肥不再进行激烈的分解，外观呈茶褐色或黑色，结构疏松，没有恶臭，不招致蚊蝇。

2. 工艺参数

当堆肥达到腐熟时，堆温通常低于 40℃。

3. 化学指标

堆肥有机质在达到腐熟时，可下降 15% ～ 30%。

当堆料的 C/N 从（25 ～ 35）:1 下降至 20:1 以下时，肥堆将达到稳定。

当堆肥腐熟时，水溶性有机碳可下降 50% 以上。近年来发现，水溶性有机碳与水溶性有机氮的比值是堆肥腐熟的良好化学指标，该值为 5 ～ 6 时表明堆肥已经腐熟。

4. 生物学指标

当堆肥没有达到稳定时，堆肥的水浸提液具有一定的植物毒性，会妨碍种子的萌发和根的伸长。实验用的种子包括水芹、胡萝卜、芥菜、白菜、小麦、番茄等，目前国际上应用最多的是水芹种子。将堆肥鲜样按水：物料＝ 1:2 浸提，160 转 / 分振荡 1 小时后过滤，吸取 5 毫升滤液于铺有滤纸的培养皿中，滤纸上放置 10 颗水芹种子，25℃下暗中培养 24 小时后，测定种子的根长，同时用去离子水做空白对照，按下式计算种子发芽指数。当水芹种子发芽指数达到 50% 以上时，表明植物毒性已消除，堆肥基本稳定。种子发芽指数（%）＝（堆肥浸提液处理种子的发芽率 × 处理种子的根长）÷[（去离子水处理种子的发芽率 × 去离子水种子的根长）]×100%

四、主要设备和菌剂

随着养鸡业的快速发展，鸡粪的产生量越来越大，堆肥设施、设备和菌剂应用范围更加广泛。

1. 物料处理设备

物料处理设备包括粉碎、混合、输送和分离设备。

（1）粉碎设备

主要有冲击磨、破碎机、槽式粉碎机、水平旋转磨和切割机。粉碎设备运行时最需要注意的是安全问题。

（2）混合设备

主要有斗式装载机、肥料撒播机、搅拌机、转鼓混合机和间歇混合机等。混合设备的作用是将鸡粪与堆肥辅料混合均匀，确保堆肥顺利进行。

（3）输送设备

输送设备包括带式输送机、刮板输送机、活动底斗式输送机、螺旋输送机、平板输送机和气动输送系统。输送设备运行时遇到的主要问题是物料压实或堵塞、溢漏和设备磨损。

（4）分离设备

分离设备主要是筛分设备，常用的有滚筒筛、振荡筛、跳筛、可伸缩带筛、圆盘筛、螺旋槽筛和旋转筛。可根据处理性能、是否易堵塞、投资及运行费用选择筛分设备。

2. 堆肥除臭方法

有效的臭味控制是衡量堆肥工厂成功运转的一个重要标志，臭味处理系统包括化学除臭器、生物过滤器等。化学除臭器包括：①去除氨气的硫酸部分；②氧化有机硫化物和其他特殊物质的次氯酸钠或氢氧化钠部分。实践中，常采用生物过滤器处理臭味，它的组成材料为熟化的堆肥、树皮、木片和泥炭等，负荷为 80 ～ 120 立方米 / 时，出气温度维持在 20 ～ 40℃。保持生物过滤器中过滤床一定的含水率是实现其最佳操作的关键。控制臭味的最常用综合措施是封闭堆肥设备、采用生物过滤器和进行过程控制，这种方法成本低，效果好，除臭率可达 95%。

3、菌剂

鸡粪堆肥通过接种微生物菌剂，可以明显提高堆肥初期的发酵温度，加快堆肥物料的水分挥发，改变鸡粪中的微生物数量，使堆肥温度上升得快，高温维持时间长，缩短堆肥发酵周期，促进堆肥快速腐熟，同时可以增加堆肥的氮、磷、钾养分含量，改善堆肥产品质量。常用于接种的菌剂有乳酸菌、酵母菌、芽孢杆菌、黑曲霉、白腐菌、木霉、链霉菌和沼泽红假单孢菌混剂等。为了缓解鸡粪高温好氧堆肥过程中产生臭气的问题，可以对堆肥接种除臭菌株酵母菌、丝状真菌、高温放线菌。有研究结果表明，除氨复合菌系 CC-E 具有比较好的除氨能力，氨气去除率达 60% 以上。

五、案例介绍

福建省龙岩市绿之源生物科技有限公司投资 100 多万元，采用条垛式通风发酵方式，以鸡粪和菜粕为主要基质，再辅以适量大、中、微量元素以及卷烟厂的下脚料烟末等原料生产生物有机肥，年生产能力达 5 万吨（图 4-7）。该公司生产出大地绿之源生物有机肥、大地盛源微生物肥、有机无机复混肥等多种有机肥，被广泛地应用于花生、烟草、茶叶、水稻及各种瓜果蔬菜，具有显著增产增收效果。

图 4-7　条垛式鸡粪发酵成品

第三节　规模鸡场粪污槽式好氧发酵技术

槽式好氧发酵技术的优点是发酵原料和辅料经过预处理后，优化了水分、碳氮比、孔隙度等发酵条件，发酵槽配备机械翻搅和静态曝气双重作业系统，利于均衡物料总体发酵温度和物料水分向外蒸发。但是由于厂房的建设和大型翻抛机械等初期投入成本较高。

一、发酵工艺特点

槽式好氧发酵是目前处理鸡粪最有效的方法，也适合鸡粪有机肥商品化生产，有利于标准化生产。该工艺发酵时间短，一般 15 天就能使鸡粪完全发酵腐熟，而且易实现工厂化规模生产，不受天气季节影响，对环境造成的污染小。槽式自动搅拌机可在发酵槽沿上自动行走，对槽内发酵物进行通气、送氧，调节水分，本工艺不用大量掺入秸秆（季节性粪便稀时，才加入少量秸秆），菌种使用一年后可降低使用量，生产出的有机肥无害化程度强，成本低。

二、工艺参数要求

1. 鸡粪与辅料混合比

根据当地农业情况，可采用稻草、玉米秸、花生茎等有机物作为辅料。根据发酵水分的要求，鸡粪与发酵辅料配比为 3:1，堆肥辅料可选用碳氮比在 20:1 ～ 80:1 的原料。若发酵槽长 50 米、宽 6 米、深 1.5 米，每个槽鸡粪用量为 150 吨，辅料用量为 50 吨，接种物料用量为 22 吨。在发酵槽内，鸡粪、辅料和接种物料需混均。

2. 机械搅拌

鸡粪堆肥发酵属于好氧性发酵，在发酵槽中，因为物料湿度在 60% ～ 65%，黏度大，其通气性极差，需要进行人工辅助通气，一般常采用机械搅拌方式。在实际生产中，发酵槽温度在一定程度上会受到气温季节的影响。夏季，车间温度在 30℃以上，发酵温度能达到 60 ～ 65℃，甚至超 65℃，可间隔 1 小时搅拌一次。冬季，车间温度在 10℃以下时，发酵温度只能达到 45 ～ 55℃，由于搅拌作用会带走一部分热量，可间隔 4 小时搅拌一次。

当发酵槽温度在 60℃左右时，每天搅拌 2 次，其总水分能下降 2%；当发酵槽温度在 50℃左右时，每天搅拌 2 次，其总水分能下降 1%。假设每个发酵槽每天搅拌 2 次，每个槽进 150 吨鸡粪、50 吨辅料、22 吨接种物料，经过 20 天发酵搅拌 40 次后出槽物料的水分能控制在 40% ～ 45%，再经过晾晒或烘干可生产出 103 吨成品有机肥（水分 20%）。

3. 堆肥发酵腐熟周期

鸡粪、辅料和接种物料进槽混合后，第一次搅拌记为发酵周期开始时间，一般经过 3 ～ 4 天升温期（冬季 7 ～ 10 天），进入高温发酵阶段。当发酵温度高于 55℃，15 天就能使物料完全发酵；而低于50℃时，需发酵30天。所以，夏季发酵周期一般为18天，冬季发酵周期一般为35天。

三、主要设施、设备或菌剂

1. 发酵槽

发酵槽是鸡粪发酵处理平台。一般建于彩钢棚或阳光温室棚内。根据鸡粪处理量和生产需要，发酵槽宽度一般为3～8米，深度1.2～1.5米，长度30～100米，或同时建造3～5条发酵槽（这可根据实际情况设计）。

2. 自动搅拌机

又称槽式翻抛翻堆机，是目前应用得最为广泛的一种发酵翻抛翻堆设备。它包括行走发酵槽体、行走轨道、取电装置、翻抛翻堆部分以及转槽装置（也叫转运车，主要是用于多槽使用的情况）。翻抛翻堆工作部分采用先进的滚筒传动，有可升降式的和不能升降的两种。翻堆装置的轴承座固接于翻堆机架上，两根主轴固接于轴承座中，每根主轴上焊接有若干按一定距离且交错一定角度排布的翻堆轴，每个翻堆轴上都焊接有翻堆板。翻堆装置通过销轴与行走装置相连。行走装置的轴承座固接于行走机架上，装有行走轮的两根接轴Ⅰ固接于轴承座中，每根接轴Ⅰ的一端通过联轴器与接轴Ⅱ的一端相连，减速机Ⅱ的两输出轴分别通过联轴器与两根接轴Ⅱ的另一端相连。起升装置的电动葫芦固接于行走机架上，钢丝绳的一端绕在电动葫芦上，另一端固定于翻堆机架上。

翻抛翻堆机（图4-8）的特点有：①可与太阳能发酵室，发酵槽和移行机等配套使用。与移行机配套使用可实现一机多槽用的功能。②可连续出料也可批量出料。效率高，运行平稳，坚固耐用，翻抛均匀。③控制柜集中控制，可实现手动或自动控制功能。

图4-8 槽式机械翻抛好氧发酵技术

3. 专用造粒机

有机肥专用造粒机（图 4-9），可对水分在 40% 左右的发酵物进行球形造粒，颗粒的成品率在 70% 以上，坚硬适中，小规模生产可通过晾晒后装袋。设备生产的颗粒为球状；有机物含量可高达 100%，实现纯有机物造粒；造粒时不需要加黏结剂；颗粒坚实，造粒后即可筛分，降低干燥能耗；发酵后的有机物无需干燥即可进行造粒。

图 4-9　有机肥专用造粒机

四、案例介绍

重庆燎原家禽养殖有限公司安胜有机肥分公司以鸡粪为主要原料，利用微生物发酵技术，通过高温好氧发酵，除臭、脱毒、杀灭病原菌、寄生虫卵而生产成优质有机肥（图 4-10 和图 4-11）。公司生物有机肥注册商标为“燎合”商标，产品经过检测，氮、磷、钾等主要成分含量丰富，蛔虫卵杀灭率和重金属含量均达到国家规定标准。该有机肥现已销售到梁平、忠县，湖北利川、贵州，陕西和四川大竹、邻水等地，广泛用于粮食和蔬菜、水果、茶叶等作物，使用效果明显，深受广大用户的欢迎，是生产无公害食品、绿色食品、和有机食品的必备肥料，并成为梁平县农业科技部门发展优质农产品的首选肥料。

图 4-10　鸡粪发酵槽

图 4-11　发酵成熟堆肥

第四节 农户简易堆肥技术

农户自行堆肥技术，只是简单地将原料进行长时间的堆置，很少进行通风和管理，是一种以厌氧发酵为主，结合好氧发酵过程的堆肥方式。农户自行堆肥方式与好养堆肥相似，但堆内不设通气系统，堆温低，腐熟时间长，但堆肥简便、省工。一般堆肥封堆后一个月左右翻堆一次，以利于微生物活动使堆料完全腐熟。

其优点为：有机废物处理量大，适用于分散处理；人工干预少；投资少，工艺简单。缺点为：发酵周期长，有机质转化率低，存在二次污染，占地面积大，受气候和天气影响大。

一、主要设备或菌剂

1. 主要设备

主要设备包括铁锹、平板车、农膜、堆肥场地（槽）和小型翻堆机等。

2. 菌剂

菌剂包括 HM 系列菌种腐熟剂、VT-1000 堆肥接种剂、速腐宝微生物腐熟剂、RW 酵素剂及一些专用功能性菌剂。

二、案例介绍

福建福州北峰农户自行生产有机肥。具体作法是选择地势较高、运输方便、靠近水源的地方，先整平夯实地面，再铺一层厚 10 ～ 15 厘米的细草或泥炭，以吸收下渗液体；其上均匀铺上一层（厚 20 ～ 30 厘米）铡短的秸秆、杂草等；然后加人畜粪尿（每 1000 千克原料加人粪尿 200 ～ 300 千克），撒少量草木灰或石灰；再盖一层（厚 70 ～ 10 厘米）细土和鸡粪便。如此层层堆积到 2 米左右高度，表面用稀泥封好。1 个月后翻堆一次，重新堆好，再用泥土封严。普通堆肥材料达到完全腐熟夏季约需 2 个月，冬季则需 3 ～ 4 个月。

第五章　羊场粪污处理主推技术

羊粪便中的氮、磷、钾及微量营养素提供了维持作物生产所必需的营养物质，属优质粪肥，具有肥效高且持久的特点，羊粪大多用作肥料。

羊粪是一种速效、微碱性肥料，有机质多，肥效快，适于各种土壤施用。目前养羊场粪污处理利用主要方式是用作农作物肥料，即羊粪经传统的堆积发酵处理后还田。羊粪还可与经过粉碎的秸秆、生物菌搅拌后，利用生物发酵技术，对羊粪进行发酵，制成有机肥。

第一节　规模羊场粪污堆积发酵技术

羊粪堆积发酵就是利用各种微生物的活动来分解粪中有机成分，有效地提高有机物质的利用率，这也是目前养羊场最常用的方法。

一、场地要求

羊粪堆积场地为水泥地或铺有塑料膜的地面，也可在水泥槽中进行。堆粪场地面要防渗漏，堆粪场地大小可根据实际情况而定。

二、羊粪清理与收集

由于羊粪相对于其他家畜粪便而言含水率低，养羊场的羊粪大多采用机械清粪或人工清粪方法，定期或一次性清理羊舍粪便，很少采用水冲式清粪。由于羊粪的特点并配合使用干清理，其中的养分损失小。

三、羊粪堆积发酵方法

1. 堆积体积

将羊粪堆成长条状，高度 1.5 ～ 2 米，宽 1.5 ～ 3 米，长度视场地大小和粪便多少而定。

2. 堆积方法

先比较疏松地堆积一层，待堆温达 60 ～ 70℃时，保持 3 ～ 5 天，或待堆温自然稍降后，将粪堆压实，而后再堆积加新鲜粪一层，如此层层堆积至 1.5 ～ 2 米为止，用泥浆或塑料膜密封。特别是在多雨季节，粪堆覆盖塑料膜可防止粪水渗入地下污染环境。

在经济发达的地区，多采用堆肥舍、堆肥槽、堆肥塔、堆肥盘等设施进行堆肥，优点是腐熟快、臭气少，可连续生产。

3. 翻堆

为保证堆肥质量，含水量超过 75% 的最好中途翻堆，含水量低于 60% 的建议加水。

4. 堆肥时间

堆肥在密封 2 个月或 3 ～ 6 个月后启用。

5. 通风措施

为促进发酵过程，可在料堆中竖插或横插适当数量的通气管。

6. 应用实例

吉林省西部牧区规模化养羊场采用条垛式堆积发酵对羊粪进行处理（图 5-1 和图 5-2）。

图 5-1　堆积发酵的羊粪

图 5-2　条垛堆积发酵羊粪

第二节 南方高床舍饲羊场粪污处理综合技术

一、高床舍饲羊场基本情况

南方地区由于气候潮湿，温度较高，尤其是夏季高温高湿，所以南方多数省份主要采用高床式养羊（图 5-3）。高床式羊圈（图 5-4）建设主要采用漏缝地板，这种方式具有干燥、通风、粪便易于清除等优点，可以大大减少羊的疾病发生。漏缝地板距离地面的高度为 80 ～ 100 厘米，板材可选用木条和毛竹片等，相互之间的缝隙宽度以 1 厘米左右为宜。在温度较低的地方或冬季，应在漏缝地板上放置木质羊床供羊躺卧。

图 5-3 南方高床式养羊场

图 5-4 高床式圈舍

二、高床式羊场粪污收集系统

高床式羊场污水收集系统一般由排尿沟、降口、地下排出管和粪水池构成。排尿沟设于羊栏后端，紧靠降粪便道，至降口有 1% ～ 1.5% 坡度。降口指连接排尿沟和地下排水管的小井，在降口下部设沉淀井，以沉淀粪水中的固形物，防止堵塞管道。降口上盖铁丝网，防粪草落入。地下排出管与粪水池有 3% ～ 5% 坡度。粪水池容积应贮 20 ～ 30 天的粪污，距离饮水井不少于 100 米。高床式排污系统可提高劳动生产率，节省人力。

粪便收集主要采取人工清粪方式，规模化程度高的养殖场采取机械方式清粪。在高床养羊的羊场，通常每周清粪一次，收集的羊粪进行集中堆积发酵处理，可施入草地或还田作为其他农作物肥料；羊尿及污水也可采用沼气池进行处理。

三、粪污处理规划及处理方法

粪污处理工程设施因处理工艺、投资、环境要求的不同而差异较大，实际工作中应综合环境要求、投资额度、地理与气候条件等因素进行规划和工艺设计。

1. 粪污处理规划

粪污处理规划内容主要包括：粪污收集（即清粪）、粪污运输（管道和车辆）、粪污处理场的选址及其占地规模的确定、处理场的平面布局、粪污处理设备选型与配套、粪污处理工程构筑物（池、坑、塘、井、泵站等）的形式与建设规模。粪污处理规划应遵循以下原则。

（1）优先考虑将其作为农田肥料

（2）不要追求高度机械化

（3）选址时应避免环境污染

2. 羊粪堆积发酵方法

（1）羊粪处理池要求

羊场的粪便处理池一般采用砖混砌成的水泥池，池子大小视羊场规模和场地而定。

（2）处理和利用

羊粪在池子里腐熟后，施入草地或农田作为其他农作物肥料。

3. 沼气池无害化处理

羊场粪污的沼气工程，是以厌氧发酵为核心技术，集粪便处理、沼气生产、沼肥资源化利用为一体的系统工程。南方由于气温相对北方较高，具有一定规模的养羊场基本上都配套建设沼气池，将羊场粪污等直接送入沼气池，进行厌氧发酵处理。

沼气工程处理系统包括贮粪池、沼气池、沼液贮存池、沼液沼渣排出管道等。羊场粪污自羊舍排出，先进入贮粪池，然后用泵抽到沼气池进行厌氧发酵处理，生产的沼气可为场区或周边农户提供生活能源，同时，产生的沼液和沼渣可作为有机肥料施入草地、菜地、果园和大田用于农作物生产，该模式对羊场废弃物进行循环利用，是目前较为有效的羊粪污处理方式。羊场若建设贮粪池 50 立方米，沼气池 100 立方米，沼液贮存池 200 立方米，沼液沼渣排出管道 1200 米，投资需 25 万元左右。

四、案例介绍

安徽省肥西县官亭镇夏祠村逸龙养殖场：存栏规模 1058 头，其中成年母羊 800 头，种公羊 8 头。主要品种为山羊与波尔羊及其杂交品种。现有标准化羊舍 4 栋，在建标准化羊舍 1 栋，产羔房 1 栋。均采取高床养殖模式。主要以出售种羊为主。羊舍配套建设运动场。羊粪通过漏缝地板进入高床下的贮粪池，贮粪池向出粪口方向设浅坡度，尿液通过浅沟暗渠进入集尿管道，排出场外进入 8 立方米化粪池，处理后进入氧化塘，用于周边自用地种草等的浇灌。贮粪池粪便人工清理，每季度清理一次，运动场粪便人工清扫，遮雨棚堆放，装袋出售给附近的园林公司，用于园林用地和绿化用地用肥。每次出粪约 3000 袋，每袋不低于 25 千克，买主自己运输，每袋 4 元，清粪及装袋成本 1.3 元。新建羊羔舍和羊舍设计刮板式自动清粪机，正在申请沼气工程，通过建设小型沼气处理尿液（图 5-5 至图 5-11）。

图 5-5　高床养殖内景

图片 5-6　床下贮粪池内景

图 5-7 出粪口

图 5-8 运动场上羊粪需要人工清理

图 5-9 新建羊舍自动刮粪系统

图 5-10　场区外化粪池

图 5-11　场区外自用地种植小麦和黑麦草

第三节　北方地区羊场粪污自然发酵处理技术

一、北方地区羊的饲养方式

在西北一些省、自治区，如青海、新疆维吾尔自治区、内蒙古自治区、宁夏回族自治区等，地域可划分为牧区、半农半牧区和农区，养羊方式有半舍饲饲养和全舍饲饲养两种方式：半舍饲饲养主要在有天然草场的牧区及半农半牧区（又称农牧交错区，指农业区和牧业区的交错地带或过渡地带），该种饲养方式也称为放牧 + 补饲饲养方式；全舍饲饲养方式主要在农区，用于繁殖母羊和育肥羊的规模化饲养。

近年来育肥羊规模不断扩大，牧区和农区舍饲圈养的养羊场，羊粪尿排泄在羊舍和运动场中，定期或羊出栏后一次性清理，清理出的羊粪为羊板粪。由于羊粪在层层铺垫过程中经过了发酵过程，并且含水量也较低，羊板粪可直接还田或出售。

二、羊粪的收集方式

北方地区由于气候较南方干燥，所以圈舍内的羊粪含水量较低，羊粪在羊圈或运动场堆积 20 ～ 30 厘米后集中清理，也可定期或育肥羊出栏后一次性清理。养羊场羊粪通常采用机械或人工方法清理固体粪便。由于干粪直接清除，养分损失小。

在青海省农牧区，育肥羊场及规模化养羊户的羊舍及运动场中的羊粪大多采用羊出栏后一次性清理方式，由于育肥羊大多在冬春季节饲养，自然铺垫在羊舍地面的羊粪还能起到较好的保温作用。

三、羊板粪的形成

在西北地区，育肥羊场和规模化育肥户大多采用架子羊短期育肥方式，即收购架子羊进入育肥场饲养 3 ～ 4 个月出栏。在整个育肥期内，羊的粪尿排泄在羊舍及运动场地面，经羊只的踩踏和躺卧后，呈粉末状，层层叠加，形成“羊板粪”（图 5-12 和图 5-13）。羊板粪在圈舍内的形成过程中经过了简单发酵，且含水量较低。待育肥羊出栏后，需要采用人工翻挖方法进行清理。

图 5-12 母羊舍地面的羊板粪

图 5-13 运动场地面羊板粪

四、羊板粪的利用

“羊板粪”一次性集中翻挖后（图 5-14 至图 5-17），可继续堆放一定时间，作为肥料进行农田利用。羊板粪的利用方式有以下三种。

图 5-14　育肥羊舍翻挖的羊板粪

图 5-15　运动场翻挖的羊板粪

图 5-16　农区羊舍挖的羊板粪

图 5-17　牧区羊舍翻挖的羊板粪

1. 直接施用

用于农作物、人工种植牧草、大棚蔬菜、花卉、药用植物（如青海省海西州地区枸杞种植）等的种植（图 5-18）。

2. 被专业公司收购，经粉碎后，生产粉状有机肥出售

3. 经过进一步加工，生产颗粒有机肥

图 5-18 直接施用于农田的羊板粪

第六章 畜禽粪污处理主推技术应用实例介绍

本章介绍猪场粪污处理实例 5 例、奶牛场粪污处理实例 3 例和鸡场粪污处理实例 1 例。各案例养殖场的粪污处理都各有特色，值得同行借鉴和参考。

第一节 猪场粪污处理主推技术应用实例

本节选择 5 种有代表性的猪场粪污处理技术模式，对其实际应用情况进行具体介绍。

一、猪场污水沼气工程处理发电与猪粪有机肥生产实例介绍

1. 猪场概况

安徽省科鑫养猪育种有限公司，位于合肥市长丰县吴山镇高岗村。公司占地 450 亩，猪舍建筑面积 28000 平方米，存栏能繁母猪 1500 头，存栏生猪 12000 头，年出栏种猪和商品猪共计 2 万头。猪舍内饮用水、淋浴水和清洗水采用不同的水源、不同管道供水，以节约用水。

2. 猪场粪污收集和固液分离

猪舍地面轻微倾斜（图 6-1），猪粪尿首先在重力作用下自动干湿分离，然后采用人工干清粪工艺，猪舍清理出的液体粪污流经舍外暗沟（图 6-2）排出，经过污水拦泥坝（图 6-3）阻拦部分固体粪便后，进入固液分离机（5 千瓦，福建顺添），再次进行固液分离（图 6-4）。人工清理出的干粪、拦泥坝阻拦的粪便以及固液分离机分离出的干粪均运输至堆肥场进行槽式好氧发酵生产有机肥。液体部分进入沼气工程系统进行处理。

该猪场年产生猪粪约 7200 吨，污水 72000 吨。

图 6-1 粪尿自动干湿分离地面

图 6-2　液体粪污收集的舍外暗沟

图 6-3　固液分离前的污水拦泥坝

图 6-4　固液分离机

3.猪场液体粪污进行沼气工程系统处理

（1）污水二级厌氧发酵

经过固液分离的污水（200 吨 / 日）进入酸化池（200 立方米）经过调节后，用污泥泵抽进一级厌氧发酵罐（400 立方米）（图 6-5）进行处理。该发酵罐采用引进德国的 UASB 消化工艺，“上流式污泥床”技术，猪场污水从下向上流动过程中进行厌氧发酵，污水在一级厌氧发酵罐中的停留时间是 48 个小时，然后进入 600 立方米地下厌氧池进行二级厌氧发酵（72 个小时），产生的沼气进入贮气罐（200 立方米）（图 6-6）短暂贮存。

图 6-5　一级厌氧发酵罐（UASB）

图 6-6　贮气罐

（2）沼气的用途

污水经过二级厌氧发酵处理，夏季日产沼气量 500 立方米，冬天沼气产量约 100 立方米，年产沼气 18.25 万立方米；沼气通过 50 千瓦发电机组（江苏河海）（图 6-7）发电，夏季每天发电 16 小时，冬天每天发电 3 ～ 4 小时，年发电 26.28 万千瓦·小时，用于场内饲料加工和生活用能，年可减少电费开支 16 万元；当气温在 5℃以下时，停止发电，所产沼气全部用作洗浴和炊事等生活燃料气。

图 6-7　沼气发电机组

（3）沼液三级氧化塘处理和利用

污水厌氧发酵产生的沼液，20% 直接用于周边农田生产，发展有机农业；80% 进入近 100 亩的三级氧化塘，在一级氧化塘（5 亩）中停留 1 个月、二级氧化塘（30 亩）停留 2 个月、三级氧化塘（60 亩）停留 4 ～ 5 个月。

经过一级氧化塘（图 6-8）处理后，约 10% 沼液被引入军张大坝和魏老河水库万亩水面养鱼，其余进入二级氧化塘（图 6-9）；二级氧化塘出水，部分回用于猪舍冲洗，冲洗猪舍回用量约 3.6 万吨 / 年，其余进入三级氧化塘（图 6-10）；三级氧化塘种植莲藕或养鱼后外排。

图 6-8　一级氧化塘

图 6-9 二级氧化塘

图 6-10 三级氧化塘

4. 猪粪槽式发酵生产有机肥

猪粪采用槽式发酵生产有机肥，建有 300 平方米发酵车间，发酵槽（图 6-11）长 60 米、宽 4.5 米、高 3.5 米，采用自走式翻抛机（6 千瓦）翻堆，翻抛机每 2 个小时运行一次（每天运行 12 次）。堆肥过程中发酵槽中心温度达 65℃以上，能有效杀灭猪粪中的病原微生物和寄生虫卵，不生蛆蝇；发酵 30 天后，猪粪臭味变成醇香味，将猪粪转变成为高效活性的有机肥料。

该设施年处理猪粪 3600 吨，生产含水量 20% 的有机肥 1100 吨。场内配套建设有 400 平方米干化场，用于猪粪的临时堆积，500 平方米的堆放场（图 6-12），用于堆肥后熟。

图 6-11　猪粪好氧发酵槽

图 6-12　发酵猪粪后熟堆放场

5. 猪场粪污处理系统经济效益分析

该场的粪污处理设施投资合计约 360 万元，其中，厌氧发酵设施投资 160 万元，有机肥场投资 60 万元；沼气发电和有机肥出售的年收入 80 万元，4 ～ 5 年可回收投资成本。

二、猪场污水沼气工程处理发电与猪粪有机肥生产实例介绍

1. 猪场概况

哈尔滨鸿福养殖有限责任公司，位于黑龙江省哈尔滨市呼兰区孟家乡和平村。公司占地 120000 平方米，猪舍建筑面积 50000 平方米，存栏能繁母猪 1200 头，存栏生猪 16000 头，年出栏种猪和商品猪共计 24000 头，年排猪粪约 10672 吨，污水 45000 吨。

2. 液体粪污处理

（1）增温沼气发酵

日产粪污200吨进入酸化池调节后(图6-13),用污泥泵抽入红泥塑料厌氧发酵袋(1600立方米）中进行沼气发酵（图6-14)。使用日光温室，冬天起到保温增温的效果。粪污在红泥塑料厌氧发酵袋中停留48小时（图6-15)，产生的沼气进入贮气罐，贮气罐为200立方米。

图 6-13　酸化调节池

图 6-14　厌氧反应池

图 6-15　沼气发生池

（2）沼气工程发电

沼气工程，夏季日产沼气量 1250 立方米，冬天日产沼气量约 1140 立方米，年产沼气 43.62 万立方米；沼气用于猪舍取暖、照明、洗浴及炊事等生活燃料气，年可减少电费开支约 30 万元。

产生的沼液先进入一级贮存池停留 10 天，再进入二级贮存池停留 10 天，然后进入三级贮存池停留 10 天，停留期间进行生物处理后的沼液直接用于本公司蔬菜温室和周边农田（图 6-16）。

图 6-16　有机蔬菜大棚

3. 猪粪处理

（1）干清粪

猪场采用人工干清粪工艺，清出的干粪直接运至防渗漏粪便晾晒场晾晒后（图 6-17），进入发酵车间进行条垛堆肥。

图 6-17 防渗漏粪便晾晒场

(2) 有机肥生产

新鲜猪粪和沼渣采用条垛发酵工艺生产有机肥（图 6-18），场内建有 500 平方米猪粪晾晒场，6000 平方米发酵车间，车间长 250 米、宽 24 米，高 4.5 米，用于粪便、沼渣无害化处理和二次腐熟、成品贮藏。采用翻堆机翻堆，根据发酵温度确定翻堆机运行次数。堆肥过程垛中心温度达到 60℃以上，有效杀灭粪污中病原微生物和寄生虫卵，不生蛆蝇；发酵 15 天左右，转入二次发酵，继续腐熟转化为有机肥料。该设施年处理 5000 吨粪污，转化成有机肥 1600 多吨。

图 6-18 有机肥生产车间

4. 经济效益分析

该场的粪污处理设施投资合计约480万元，其中，沼气发酵工程投资240万元，有机肥工程投资240万元；沼气节约用电和有机肥年收入合计110万元，4～5年可回收投资成本。

三、猪场“猪-沼-油”循环农业经济模式实例介绍

1. 猪场概况

江西盛源牧业有限责任公司蒋家猪场作为江西云河实业有限公司子公司，位于万年县石镇镇蒋家村，占地面积120亩，猪场现有职工32人，技术人员6人。猪场三面环山，一面临水，自然隔离条件优越，猪场总建筑面积13340平方米，其中，母猪舍10幢，面积5200平方米；商品猪舍12幢，面积6100平方米；其他绿化等配套设施2500平方米。2012年存栏猪约4000头，其中，能繁母猪550头，年出栏商品猪10000头。

年排猪粪约2600吨、污水约29000吨。配套建设油茶林3500多亩。

2. 猪场粪便收集和贮存

猪场依靠山坡自然倾斜坡度，傍山而建，采用干清粪、雨污分流（图6-19）、干湿分离工艺设计，人工清理出的干粪（图6-20）和含水量不高的猪粪直接运输到100立方米的堆粪池（图6-21），池顶部设有两个下粪口。

该场共有2个堆粪池，交替使用。每个堆粪池容纳约15天的干粪，其中，一个粪池堆满后，开始使用另一个堆粪池，第二个堆粪池使用期间，用农用车将第一个堆粪池中经发酵的干粪运输到果园的堆粪池继续堆放发酵，当第二个堆粪池堆满后，接着使用第一个堆粪池，如此往复。

图6-19　雨污分离后的雨水沟

图 6-20　人工清理出的固体粪便

图 6-21　带顶部下料口的干粪堆放池

3. 猪场污水沼气工程处理系统

（1）猪场污水前处理

猪栏一般不用水冲，场区的粪尿及少量溢出的饮用水与粪渣等自流到专用污道，经污水管（直径约 60 毫米）集中到栏栅池（250 立方米）（图 6-22），经过斜板筛（筛孔规格 1.5 厘米 ×1.5 厘米）进行固液分离预处理后，除去污水中悬浮杂物、沉砂等；固液分离预处理后的污水依靠落差（约 1.5 米）自流进入水解酸化池（直径 8 米，约 300 立方米），将复杂的有机物分解为简单的有机物质，减少厌氧发酵的有机负荷，提高发酵速率。

图 6-22　污水预处理栏栅池

（2）猪场污水厌氧发酵

经水解酸化后的污水自流进入地下式的厌氧发酵处理（200 立方米 ×8）（图 6-23），该发酵采用“斗墙布水折流厌氧发酵工艺”，废水在发酵池内呈“W”上下折流，废水经过多次折流充分厌氧发酵后，沼气通过专用管道经汽水分离、脱硫后进入 200 立方米贮气罐（悬浮式）（图 6-24）。

图 6-23　建设中（左）和建成（右）的厌氧发酵池

图 6-24　沼气贮气罐

（3）沼气的利用

污水厌氧发酵产生的沼气，除用于猪场冬季供热保暖，食堂做饭和职工洗澡等生活用能外，其余部分免费输送给附近村庄作为居民生活用气。

（4）沼液的处理和利用

沼液进入沉淀池（300 立方米 ×2）进行二级沉淀处理（图 6-25 和图 6-26），沉淀的清理采用人工不定期进行。

经过沉淀后的沼液通过污水泵（15 千瓦）抽送到专门的沼液管道送到油茶林的沼液贮存池，以贮存或再通过污水泵送到各油茶林喷管进行喷灌（图 6-27），正常时每 2 天 1 次。

沼渣和沼液均用于公司蒋家油茶林基地的施肥与喷灌，实现循环利用。

图 6-25　沼液一级沉淀池

图 6-26　沼液二级沉淀池

图 6-27　油茶林喷灌沼液

4. 猪场粪污处理系统经济效益分析

猪场采用雨污分流、干清粪工艺，尽量减少养殖用水，并加大养殖污水污物的无害化处理及循环利用，自 2008 年以来，公司投资 180 多万元用于粪污处理设施建设；粪污处理系统建成后，公司年产沼气 12 万立方米，每立方米沼气按 1.5 元计算，年收入达 18 万元；

年产沼液 4 万吨，每吨按 6 元计算，年收入达 24 万元；沼渣、干粪等干物质处理成有机复合肥，年产 400 吨，每吨按 200 元计算，年收入达 8 万元；猪场废弃物处理系统的年收益达到 50 万元。据此测算，3 ～ 4 年可回收投资成本。

5. 猪场粪污处理系统生态效益分析

该场干粪、沼渣及沼液用于公司蒋家油茶林基地的施肥与喷灌，使养殖企业的废弃物粪污成为过去，猪场产生的污染源从源头上得到了根治，改变了周边的环境，同时污水经厌氧发酵处理后，变废为宝，使之转化为高效农业种植肥料，促进了农产品的升级，为无公害、绿色和有机食品油茶（图 6-28）的种植提供了宽广的发展平台，提高了市场竞争力和产品的附加值，促进了生猪养殖业的可持续发展。

图 6-28　“猪 - 沼 - 油”循环利用油茶长势喜人

四、猪场污水厌氧+好氧达标排放与粪便农业利用实例介绍

1. 猪场概况

湖南省岳阳市正虹科技股份有限公司正虹凤凰山原种猪场存栏规模 60000 头，存栏母猪 3000 头，该养殖场高度注重养殖废弃物的处理，先后投资 1500 万元，已经建成了日处理 500 吨养殖污水的沼气发电厂，厌氧沼液经过好氧和氧化塘处理后实现达标排放，固体粪便直接进行农业利用。

2. 猪场粪便收集和贮存

猪舍内粪便采用人工干清粪，清理出的干粪直接运送至堆粪池，地面冲洗的粪污水经过固液分离（图 6-29）和干化池（图 6-30）处理后，分离出粪渣和污水，其中，粪渣与舍内清理出的固体粪便一起在堆粪池中贮存一周左右，供周围农户用于种植或水产养殖，堆粪池有防雨顶棚、地面进行硬化处理。

图 6-29　猪场粪水固液分离

图 6-30　粪便干化池

3. 猪场污水处理工艺流程

该场污水采取厌氧与好氧相结合的达标排放工艺（图 6-31），具体工艺流程如下。

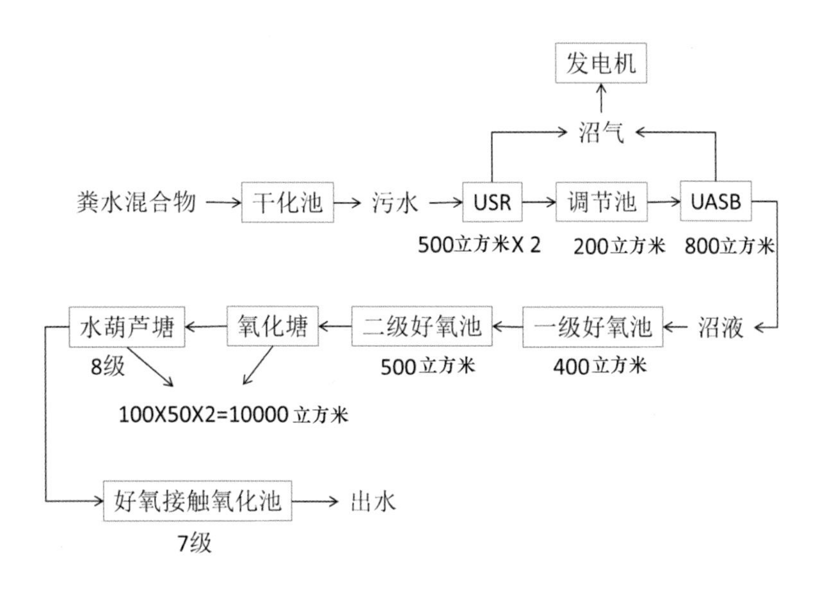

图 6-31 猪场污水厌氧 + 好氧的达标排放工艺

猪场粪污经过固液分离机分离的污水，首先进入一级厌氧发酵池（500 立方米 ×2）（图 6-32），采用升流式固体厌氧反应器（USR），污水在其中的停留时间为 2 ～ 3 天），之后经过缓冲池，进入二级厌氧发酵池（UASB，800 立方米）（图 6-33），在其中停留 1.5 ～ 2.5 天。一级和二级厌氧发酵产生的沼气进行发电（图 6-34），每天发电 700 ～ 800 千瓦•小时，主要用于污水后端的好氧曝气，其余再用于猪场的运行。

图 6-32 USR 厌氧池（一级厌氧）

图 6-33　UASB 厌氧池（二级厌氧）

图 6-34　沼气发电机组

4. 猪场沼液达标排放处理

经过二级厌氧发酵处理后，所产生的沼液首先进入400立方米的一级好氧池（图6-35），采用序批式活性污泥法（SBR），进行好氧曝气处理；之后进入 500 立方米的二级好氧池（图 6-36），采用生物接触氧化工艺处理，进行生物氧化处理；出水进入 10000 立方米的氧化塘和 8 级水生植物塘（图 6-37），在其中停留 1 个月左右；处理出水最后进入模块化污水处理系统进行贮存处理后达到排放（图 6-38）。

目前，该场污水处理系统的出水口安装了在线监测系统，实时在线监测。确保达标排放。

图 6-35 SBR 池（一级好氧）

图 6-36　生物接触氧化池（二级好氧）

图 6-37　水生植物塘

图 6-38　模块化污水处理系统（达标排放）

5. 猪场污水处理的经济效益分析

目前，该工程日处理养殖污水 300 ～ 500 吨，日发电量 500 ～ 800 千瓦·小时，发电在满足猪场污水好氧处理用电的基础上，还可以供全场生产和生活用电 10 小时以上，能降低猪场的电能支出。

由于该场位于湖南省岳阳市汨罗江畔，临近水源，因而对猪场排放出水的水质要求很高，目前，猪场采用的多级好氧净化系统能满足环保要求。

尽管由于达标排放的能耗高，猪场粪污处理的收益很有限，但是，由于该场的粪污设施建设得到了国家项目的支持，该场的环保投资和运行压力并不大。

五、生物垫料发酵床养猪实例介绍

1. 猪场概况

湖南省湘乡市农牧有限公司总投资 800 万元，占地 190 亩，猪舍面积 20000 多平方米，常年存栏母猪 1000 头，年出栏种猪和无公害生猪 16000 头。使用发酵床养殖面积达 4500 平方米，猪舍内饮用水和清洗水采用不同的水源、不同管道供水，以节约用水。年产生猪粪 5200 吨。

2. 发酵床猪舍地面结构及发酵床制作

猪舍高度 3.5 米，栏内分为采食区、垫料区和饮水区，采食区和饮水区为混凝土结构(图 6-39)，每栏的垫料区 20 平方米，垫料由生物菌种、谷壳、锯木屑组成，高度为 1 米左右。

图 6-39　发酵床猪舍内地面结构

将混合好的垫料堆成梯形或锥形，每堆体积不少于 10 立方米，高度不低于 1.5 米。当垫料体积在 30 立方米以内时堆积成一堆，当体积大于 30 立方米时可堆积成两堆。气温低于 10℃时，用麻袋覆盖周围保温，垫料在这期间的发酵温度达到 60℃以上并保持 48 小时。当第一次堆积发酵温度达到 60℃以上保持 48 小时后即可进行第二次发酵。将表面和触地 25 厘米左右未发酵的部分移至第二次发酵的中心部位进行再次发酵。当温度持续 65℃以上达 48 小时后，垫料的发酵过程完成。垫料从拌料到发酵需要 5 ～ 7 天。之后垫料铺开，放置 24 小时后进猪饲养（图 6-40）。

图 6-40　发酵床肥猪舍（适合于冬无严寒，夏无酷暑地区）

3. 发酵床猪舍的生产管理

生猪进入生物垫料栏舍后，应加强垫料管理，水分的管理以发酵床不起粉尘为下限，以手握无水滴下为上限；养分管理以中心温度为 40℃为最低检测标准。视情况适当添加谷壳和木屑，补充水分、米糠与微生态（物）制剂混合物。垫料需要通过翻动辅助通气，每天在粪便较为集中的地方，把粪尿分散开来，埋在 20 ～ 30 厘米垫料下面。翻动的方式有人工翻动和机械翻动，一般垫料表面 30 厘米每周翻动 2 次，每月把垫料上下均匀翻动一遍。总之，要养好猪必须先养好垫料。

生物垫料的使用年限在按要求管理的情况下，一般可使用 1 ～ 1.5 年，可正常饲养 3 ～ 4 批生猪，到期垫料可处理成优质有机肥，形成一个产业体系。

4. 废弃发酵床垫料的处理

清理出的废弃发酵床垫料可采用条垛式堆肥（图 6-41）或槽式翻堆发酵处理（图 6-42）生产有机肥。

图 6-41　条垛式堆肥处理

图 6-42　槽式堆肥处理

5. 发酵床养猪的效益分析

（1）经济效益分析

形成规模后，发酵床养猪可使养殖业获得很大的经济效益。垫料养殖的生猪生活环境、健康状况大大改善，可提前 15 天出栏，每头猪可节省饲料费用 75 元；每头猪可减少保健费用 20 元；每头猪可节约水电人工 8 元，平均每头猪可节省成本 100 元以上。

（2）环境效益分析

形成规模后，发酵床养猪可产生很大的生态环境效益。每平方米垫料每日能处理猪粪尿废弃物4千克，每平方垫料在一个使用周期内（1年半）能减少2.2吨猪粪尿的排放；同时，垫料零排放技术的应用可促进锯木屑、谷壳、草粉、秸秆等废弃物的资源化利用，每10平方米的垫料可以消耗1亩地的谷壳废弃物或3.5立方米的锯木屑；垫料使用一年半后，可制成优质的有机肥，可大大减少化肥施用量，降低化肥对土壤和水体的污染，对生态环境产生十分有益的作用。

第二节　牛场粪污处理主推技术应用实例

一、奶牛场污水沼气工程处理发电与牛粪有机肥生产实例介绍

1. 奶牛场概况

蒙牛澳亚示范牧场是内蒙古蒙牛乳业（集团）股份有限公司下属公司，位于呼和浩特市和林县盛乐经济开发园区，牧场存栏奶牛10000头，日产鲜牛粪280吨、污水360吨。

该场建设有沼气发电综合利用工程，于2008年投产运行。

2. 奶牛场粪污处理工艺流程

该场对污水厌氧发酵处理后用于牧草种植和牛粪加工生产有机肥，具体工艺流程（图6-43）如下。

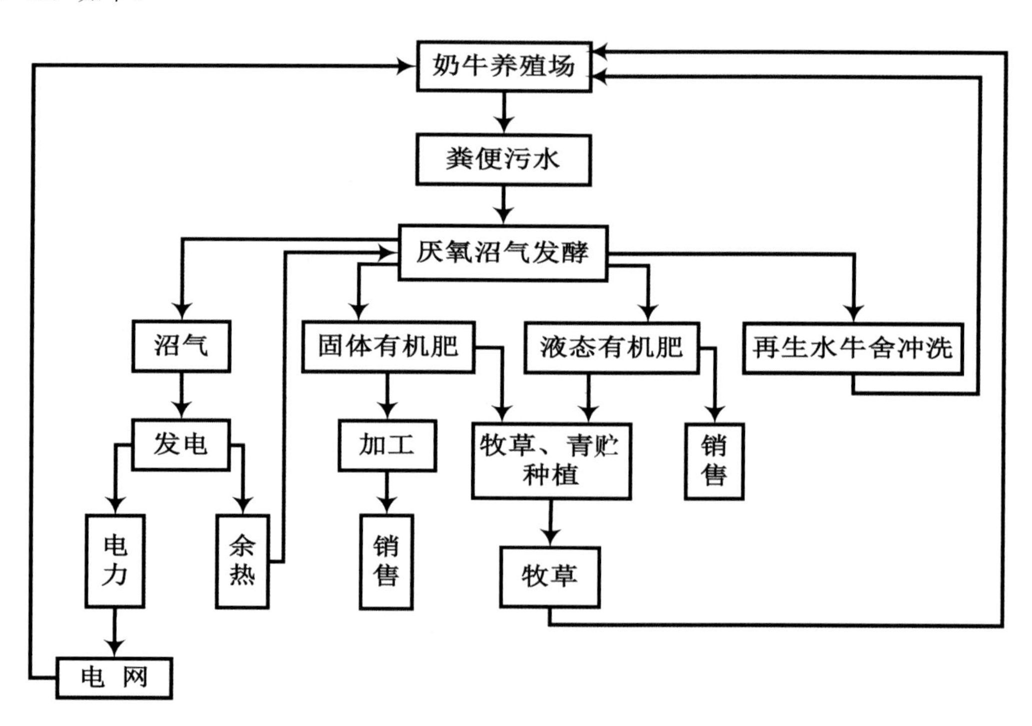

图6-43　奶牛场粪污处理工艺流程

3. 奶牛场污水处理

（1）沼气工程

奶牛场清理出的粪污首先经过固液分离机（图 6-44），分离处固体粪便和污水，污水进入厌氧反应器（容积 2500 立方米 ×4）进行处理，产生的沼气贮存于双膜贮气柜（1000 立方米）（图 6-45）。

图 6-44　奶牛场粪污固液分离

图 6-45　奶牛场厌氧发酵罐和双膜贮气柜

（2）沼气利用

沼气工程所产生的沼气采用装机容量 1260 千瓦、德国道义茨公司制造的发电机组（图 6-46）进行发电，年发电 621 万千瓦 · 小时以上，发电上网，年减排温室气体约 2.4 万吨 CO_2 当量。

图 6-46　纯沼气发电机组

（3）沼液利用

沼液有机肥年产 17 万吨，用于牧草种植或外售，部分经过贮存（48000 立方米）（图 6-47）后回用于牛舍冲洗。

图 6-47　沼液储存池

4. 奶牛场粪便处理

固液分离出的固体粪便用于有机肥生产，年产有机肥 1.28 万吨，用于牧场牧草和青贮饲草的种植，其余则作为商品肥料外售。

5. 奶牛场粪污处理系统的效益分析

（1）经济效益

该场粪污处理系统营运期内，年均收入 1080 万元，年均所得税后利润 100 万元。

（2）生态环境效益

该场粪污处理系统正常营运期间，减排 COD（化学需氧量）9125 吨 / 年，TN（总氮）487 吨 / 年，TP（总磷）96 吨 / 年，减排温室气体约 15000 吨 CO_2 当量 / 年。

该场粪污处理系统是一项环保和可再生能源开发项目。可解决蒙牛澳亚示范牧场奶牛粪便污水对地下水和周围环境的污染问题。对改善牧场自身和区域环境、促进牧场可持续发展具有战略意义。显著减轻水环境污染，有效减少疫病传染，有效遏制公共卫生事件的发生，提高人、畜生活环境质量，充分回收粪污生物质能，实现植物营养物质生态良性循环及资源利用最大化。

开发可再生能源发电，可以减少燃煤发电带来的大气污染和温室气体排放。大型沼气发电综合利用工程实施后，将废弃污物转变成优质肥料，促进当地营养物质生态良性循环。处理水循环利用也可大大减少对地下水的开采。

二、奶牛场污染物综合治理工程实例介绍

1. 奶牛场概况

山东银香伟业集团第三奶牛养殖小区存栏奶牛 5000 头，占地约 1000 亩。废弃物综合治理工程占地 150 亩，约占整个小区面积的 15%，总投资 2500 多万元，厂房建筑面积 18000 平方米，硬化堆肥厂面积 45600 平方米。德国 Backhus 进口翻抛设备 2 台套、意大利 Wam 进口固液分离机 4 台套、堆肥生产设备 1 套、高低压配电系统 1 套、沼气工程系统 1 套、10000 立方米沼气池 2 座，污水汇聚系统一套、沼气集中供热系统 1 套、160 千瓦沼气发电系统 1 套、运输车辆 4 台、配套道路建设、围墙建设、绿化建设等。

2. 奶牛场粪污处理工艺流程

该场对污水厌氧发酵处理后用于还田和牛粪加工生产有机肥，具体工艺流程（图 6-48）如下。

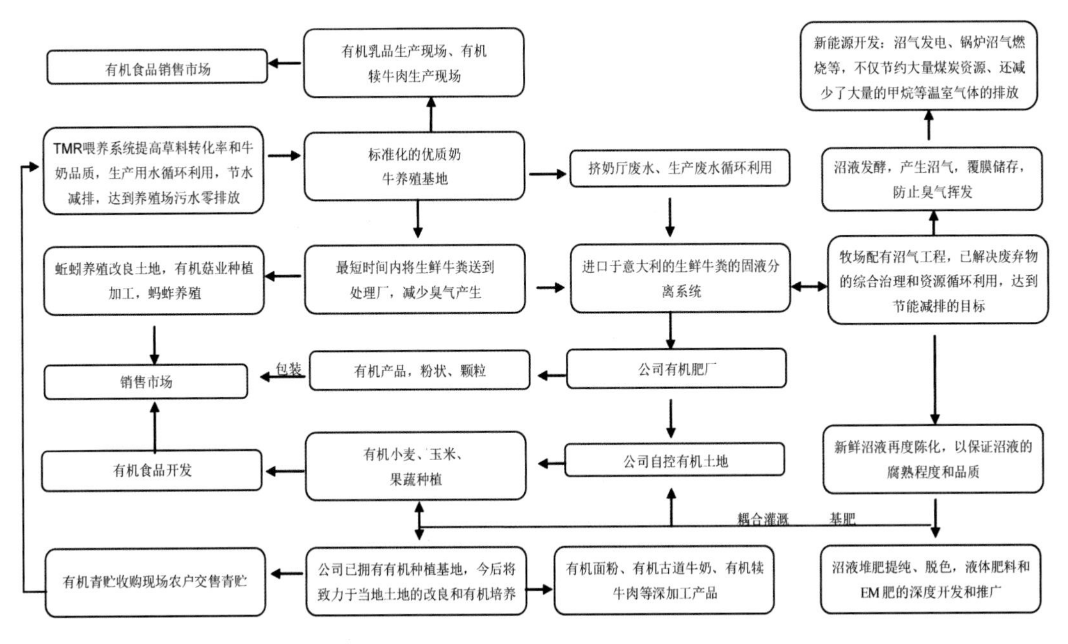

图 6-48 山东银香伟业集团第三奶牛养殖小区废弃物循环利用模式图

3. 奶牛场污水处理

养殖小区采取节水减排措施，产生的少量废水全部流入集水管道，最后汇集到污水暂存池，污水暂存池的水与沼气工程的沼液上清液混合，用来稀释牛粪，然后进行固液分离。固液分离后的液体全部进入沼气工程，沼气发酵采用了软体沼气池（图 6-49），节省了投资成本，而且安全、高效，实现了与有机农业季节施肥的相适应。软体沼气池存储量约 20000 立方米，其中，10000 立方米为全封闭式发酵池，这就保证了沼气工程中的料液能够完全发酵，减少了臭气的产生和挥发，而且提高了沼液的品质。

沼气池年产沼气 100 万立方米，用于锅炉燃烧可节约标煤 700 多吨，或用于发电可年产 100 万度，同时减少二氧化碳排放 700 多吨，节省资金 70 万元，所产沼渣、沼液全部施用到农田（图 6-50），既改良了土壤，同时还达到了杀灭害虫及虫卵的效果。

图 6-49　软体沼气池

图 6-50　沼液通过喷液器均匀还田

沼气反应池采用半地下软体反应池取代原来的碳钢反应罐和贮气柜，减少投资，并且实现了安全、高效和季节调节。沼气采用燃烧和发电互补的办法，热能利用率高，经济效益好。

4. 奶牛场粪便处理

固液分离后的固形物全部运到有机肥厂，无害化发酵处理后生产有机肥或土壤培养基。每年可产优质堆肥或有机土壤培养基 3 万吨。

该模式首先将奶牛场牛粪尿等全部废弃物和沼液上清液进行混合、粗筛分后，用泵将混合液泵入公司自主创新固液分离系统。挤出的固体牛粪半干料运至有机肥厂，通过高效翻抛系统进行有机肥发酵（图 6-51，图 6-52），生产的有机肥和有机土壤培养基用于公司的有机基地培养、自控土地改良和肥料市场销售（图 6-53），种植的有机饲料玉米饲喂高产奶牛，其他粮、果、蔬菜部分还用于开发有机农产品并推向市场。另外，一部分牛粪还用于蚯蚓养殖、菇业种植以及蚂蚱养殖，开发牛粪的多渠道利用模式，从而促进生态农业的快步发展。

图 6-51　有机肥自动翻抛系统

图 6-52　自动翻抛系统

图 6-53　牛粪生产的有机肥

5. 奶牛场粪污处理系统的效益分析

（1）经济效益

整个项目投入共计 2500 多万元。有机肥年产值 1000 元 / 吨 ×30000 吨 =3000 万元；沼气发电 100 万千瓦 · 小时 ×0.7 元 / 千瓦 · 小时 =70 万元；沼液 10000 吨主要用于自控土地施肥和 EM 肥深度市场化开发。

（2）生态效益分析

一是实现了节能，减少了电能和煤炭的使用量；二是实现了减排，既减少了温室气体排放，又实现了污水零排放；三是助推有机农业，无害化的有机肥料和有机土壤培养基为公司的有机农牧业打下了坚实的先决基础，沼液的使用加速了公司有机土地认证和转化的进程。

三、奶牛场粪污厌氧发酵+固液分离技术处理方式案例

1. 牧场概况

现代牧业（肥东）有限公司位于安徽省合肥市肥东县白龙工业聚集区，成立于2009年12月2日，注册资本5000万元人民币是现代牧业（集团）有限公司的全资子公司。公司占地2380亩，其中建筑面积600亩，现有牛舍24栋，青贮池15个、青贮平台1座可以存放10万吨青贮饲料，消毒室2座、品控实验室2座。现代牧业（肥东）有限公司目前奶牛存栏18500头，其中，泌乳牛11000头，育成牛5000头，犊牛2500头。为满足公司正常生产，牧场建设4台80位转盘挤奶机用于挤奶。牧场将国外的半地下式中温发酵应用于牧场的粪污处理中，每年可生产沼渣9万吨。

2. 粪污产生情况

现代牧业（肥东）有限公司常年存栏奶牛近2万头，推算养殖场的粪污量：日产鲜牛粪25千克／头×20000头=500吨；排尿量30千克／头×20000头=600吨，冲洗污水量20千克／头×20000头=400吨，每天排放的粪、尿及冲洗废水总量约为1500吨。

3. 粪污处理工艺

企业在生产过程中排出的粪污主要为奶牛产生的粪尿、冲洗废水。主要污染物为COD、NH_3-H等。企业粪污处理站采用厌氧发酵＋固液分离的主体处理工艺（图6-54）。

4. 粪污收集

泌乳牛舍：粪污由刮板从牛舍两头刮入牛舍中央的粪沟（图6-55），牛舍半段长180米，共有12个粪道，每个粪道每2小时出一次粪。刮入粪沟里的粪由循环的粪污上清液冲入调节池。

干乳牛舍：粪污由刮板从牛舍刮入牛舍一端，牛舍长180米，共有4个粪道，每个粪道每2小时除一次粪。刮入粪沟里的粪由循环的粪污上清液冲入调节池（图6-56）。

5. 粪污的水冲输送

冲洗用水既可是粪污的上清液，也可是粪污发酵后的沼液上清液，水冲粪液在保证流动性的前提下，尽量提高浓度。冲洗液能循环利用，对粪沟截面尺寸及粪沟坡度进行准确设计，使冲洗水用量最小，且不至于污粪沉积于粪沟。冲洗时间和牛舍出粪时间联控，节约冲洗时间。

调节好的高浓度料液（TS5.6%）（图6-57）进入进料调节池，再由螺杆泵泵入厌氧发酵池，并由电磁流量计控制泵入量。

粪污的冲洗及输送采用全自动控制。

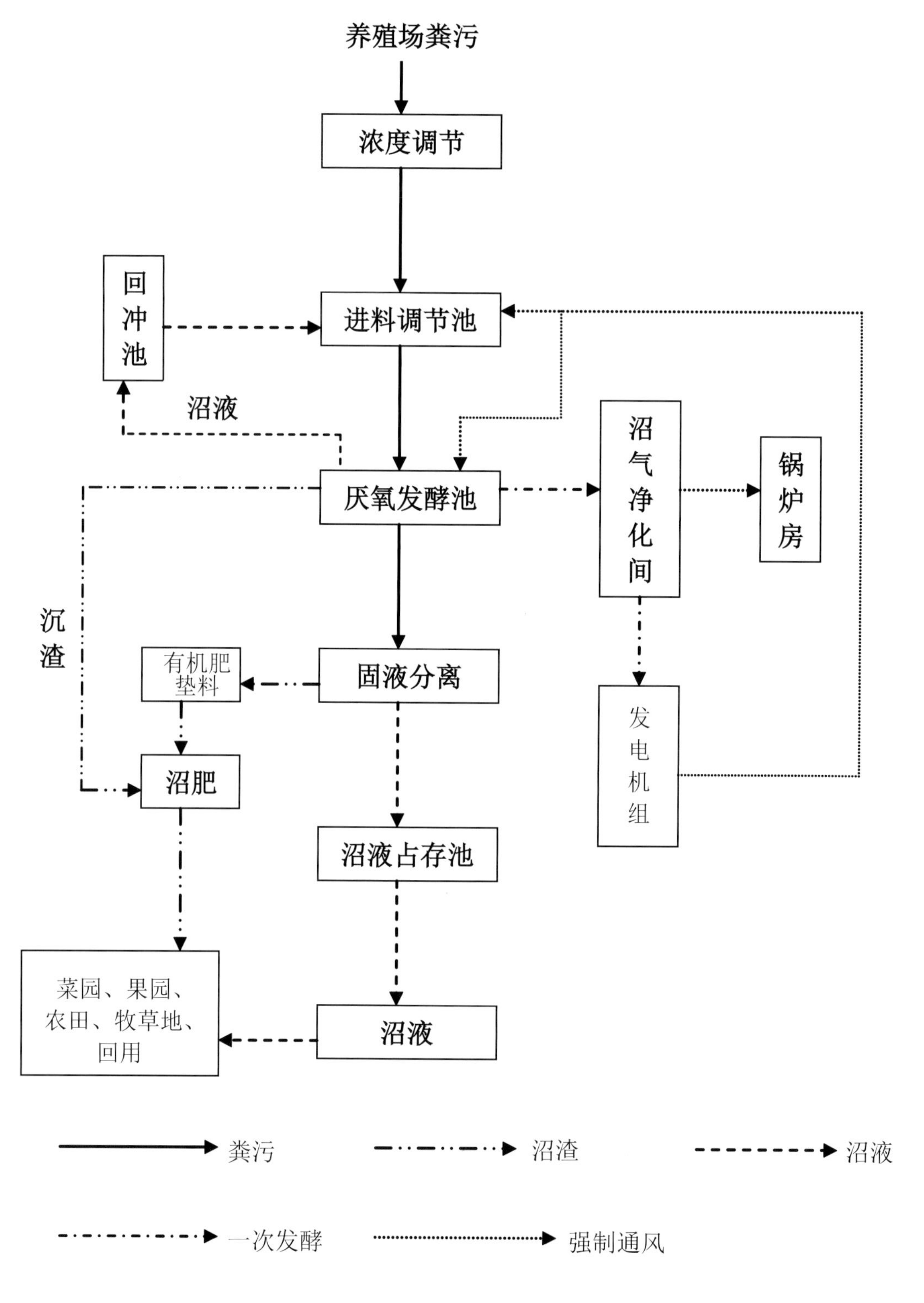

图 6-54　沼气工艺流程图

图 6-55　牛舍粪道和刮粪机

图 6-56　牛舍粪道粪便进入粪沟管道

图 6-57　集粪池实景图

6. 粪污发酵

粪污在沼气池内进行厌氧发酵，生产沼气（图 6-58）。采用中温厌氧发酵，沼气池内的温度控制在 35℃左右，采用盘管换热方式，加温热源为发电机组余热。沼气池设有温度传感器。

图 6-58　沼气发酵池

7.沼气

沼气池产生的沼气（图 6-59）经过除尘、脱硫、脱水、稳压等净化过程后进入热电联产沼气发电机组和沼气锅炉（图 6-60）。产生的电能全部自用或供周边企业、居民使用，沼气锅炉产生的热能主要用于厌氧罐的增温、保温，多余的热能可用于挤奶厅等温度调节。

沼气在使用的过程中注意防火防爆，做到安全用气。

图 6-59　沼气贮气柜（左图为 2 万立方米；右图为 5000 立方米沼气贮气柜）

净化后的沼气指标：甲烷体积含量不低于 55%；H_2S ≤ 20 毫克 / 标准立方米；温度≤ 35℃；最大温度梯度 0.5%/30 秒；压力：10 ～ 50 千帕，变化速率 10 千帕 /30 秒；最大粉尘颗粒度：1 微米；粉尘最大含量 5 毫克 / 标准立方米 CH_4；氨最高含量 2 毫克 / 标准立方米 CH_4；硅灯化合物 10 毫克 / 标准立方米 CH_4。

图 6-60 发电机房的胜动发电机

8. 沼渣、沼液的处理

厌氧发酵后沼液（图 6-61）泵入固液分离机（图 6-62），固液分离后的固态物质（沼渣）进一步干化（图 6-63），部分用作牛舍垫料（图 6-64），部分生产有机肥。

图 6-61　发酵后的沼液池

图 6-62　固液分离车间实景图

图 6-63　沼渣晾晒场

图 6-64　奶牛卧床里的沼渣

部分沼液回用，大部分沼液进入沼液贮存池（图 6-65），作为周边地区无公害蔬菜、果园和牧草基地的优质有机液肥使用，实现污染物的零排放。在征得附近农户许可的情况下，在农田内每 10 亩配套建设一处 100 立方米的田间沼液贮存池，由养殖场的沼液运输车（图 6-66）定期运送沼液。所有沼液贮存池均做防渗处理，防止沼液对周边环境产生不利的影响。

图 6-65　沼液池带有覆盖膜

图 6-66　沼液运输车

分离后的沼渣含水量不大于 65%，最终进入沼液池的沼液含固率不大于 1%。

第三节 鸡场粪便商品颗粒有机肥生产实例介绍

1. 鸡场概况

山东省青岛田瑞生态科技有限公司蛋鸡养殖场位于即墨市店集镇，始建于2006年。蛋鸡场目前存栏规模30万只，年产鲜蛋6000吨，是农业部第一批国家级蛋鸡规模化养殖示范基地。公司被奥帆委指定为2008青岛奥帆赛、残奥帆赛食品定点供应企业。公司年产鲜粪22000多吨，如不能及时治理，将会对环境造成严重污染。

2. 鸡场粪便有机肥生产工艺流程

公司在2008年投资1000多万元在即墨店集创建有机肥生产系统，将鸡粪与农作物秸秆相混合合，并辅佐以生物菌剂生产商品有机肥，具体工艺流程（图6-67）如下。

图6-67 鸡粪有机肥生产工艺流程

3. 鸡粪好氧发酵处理

公司选用成熟的微生物发酵技术，筛选和组建的多菌种复合体，通过发酵槽（图6-68），静态和动态立体混合搅拌、发酵模式，48小时可使粪堆内温度达60～72℃，从而加快分解速度，促进畜禽粪便快速升温除臭，彻底杀灭病菌、虫卵，实现粪便无害化处理。

将粪便与秸秆（花生壳粉、草或锯末）按2∶1比例进行充分混合后，将活化后的微

图6-68 鸡粪好氧发酵槽

生物用喷雾装置均匀地喷洒到混合物中，调节水分含量至 50% ～ 60%，堆积并适时通风，进行微生物降解处理粪便除臭。

目前，拥有粪便发酵槽 2 条，生产线 2 条，以及先进的配套设施，年生产有机肥可达 30000 多吨，相当于年可处理 120 万只鸡的鸡粪。

4. 鸡粪有机肥的造粒和包装

鸡粪经过好氧发酵后，首先运输至晾晒场（图 6-69）进行干燥，经过粉碎和筛分后，进入造粒车间造粒（图 6-70）。颗粒肥料进入烘干车间（图 6-71）进一步干燥后，再将干燥后的颗粒肥料（图 6-72）进行包装（图 6-73）后出售。

图 6-69　晾晒场

图 6-70　有机肥造粒车间

图 6-71　有机肥烘干车间

图 6-72　颗粒有机肥

图 6-73　商品有机肥包装

5. 鸡粪有机肥生产的经济效益

按照本项目设计的要求，生产 1 吨有机肥的总成本不超过 400 元，由于部分鸡粪为本公司自产，成本进一步降低。目前有机肥市场价格约 600 元 / 吨，每吨有机肥的毛利约 200 元。

在目前的情况下，公司的年产值：500 ～ 800 元 / 吨 ×30000 吨 / 年 =1500 万～ 1800 万元 / 年；年利润：200 元 / 吨 ×30000 吨 / 年 =600 万元；销售税金：600 万元 ×6%=36 万元（由于是环保项目，可申请税金减免）；税后利润：600 万元 -36 万元 =564 万元。

该项目将粪便通过生物处理变成优质有机肥料和土壤改良剂，为当地的循环经济发展起了示范和带头作用，也得到了当地政府和农户的大力支持。

附录：《畜禽养殖业污染物排放标准》

（国家环境保护总局 国家质量监督检验检疫总局发布 2001-11-26 实施）

为贯彻《环境保护法》《水污染防治法》《大气污染防治法》，控制畜禽养殖业产生的废水、废渣和恶臭对环境的污染，促进养殖业生产工艺和技术进步，维护生态平衡，制定本标准。

本标准适用于集约化、规模化的畜禽养殖场和养殖区，不适用于畜禽散养户。根据养殖规模，分阶段逐步控制，鼓励种养结合和生态养殖，逐步实现全国养殖业的合理布局。

根据畜禽养殖业污染物排放的特点，本标准规定的污染物控制项目包括生化指标、卫生学指标和感观指标等。为推动畜禽养殖业污染物的减量化、无害化和资源化，促进畜禽养殖业干清粪工艺的发展，减少水资源浪费，本标准规定了废渣无害化环境标准。

本标准为首次制定。

本标准由国家环境保护总局科技标准司提出。

本标准由农业部环保所负责起草。

本标准由国家环境保护总局负责解释。

畜禽养殖业污染物排放标准

1. 主题内容与适用范围

1.1　主题内容

本标准按集约化畜禽养殖业的不同规模分别规定了水污染物、恶臭气体的最高允许日均排放浓度、最高允许排水量，畜禽养殖业废渣无害化环境标准。

1.2　适用范围

本标准适用于全国集约化畜禽养殖场和养殖区污染物的排放管理，以及这些建设项目环境影响评价、环境保护设施设计、竣工验收及其投产后的排放管理。

1.2.1 本标准适用的畜禽养殖场和养殖区的规模分级，按表 1 和表 2 执行。

表 1 集约化畜禽养殖场的适用规模（以存栏数计）

类别 规模 分级	猪（头） （25 千克以上）	鸡（只）		牛（头）	
		蛋鸡	肉鸡	成年奶牛	肉牛
I 级	≥ 3000	≥ 100000	≥ 200000	≥ 200	≥ 400
II 级	500 ≤ Q<3000	15000 ≤ Q <100000	30000 ≤ Q <200000	100 ≤ Q <200	200 ≤ Q <400

国家环境保护总局 2001-11-26 批准　　　　　　　　　　　　2001-12-28 发布

表 2　集约化畜禽养殖区的适用规模（以存栏数计）

类别 规模分级	猪（头） （25 千克以上）	鸡（只）		牛（头）	
		蛋鸡	肉鸡	成年奶牛	肉牛
I 级	≥ 6000	≥ 200000	≥ 400000	≥ 400	≥ 800
II 级	3000 ≤ Q<6000	100000 ≤ Q<200000	200000 ≤ Q<400000	200 ≤ Q<400	400 ≤ Q<800

注：Q 表示养殖量

1.2.2 对具有不同畜禽种类的养殖场和养殖区，其规模可将鸡、牛的养殖量换算成猪的养殖量，换算比例为：30 只蛋鸡折算成 1 头猪，60 只肉鸡折算成 1 头猪，1 头奶牛折算成 10 头猪，1 头肉牛折算成 5 头猪。

1.2.3 所有 I 级规模范围内的集约化畜禽养殖场和养殖区，以及 II 级规模范围内且地处国家环境保护重点城市、重点流域和污染严重河网地区的集约化畜禽养殖场和养殖区，自本标准实施之日起开始执行。

1.2.4 其他地区 II 级规模范围内的集约化养殖场和养殖区，实施标准的具体时间可由县级以上人民政府环境保护行政主管部门确定，但不得迟于 2004 年 7 月 1 日。

1.2.5 对集约化养羊场和养羊区，将羊的养殖量换算成猪的养殖量，换算比例为：3 只羊换算成 1 头猪，根据换算后的养殖量确定养羊场或养羊区的规模级别，并参照本标准的规定执行。

2. 定义

2.1 集约化畜禽养殖场

指进行集约化经营的畜禽养殖场。集约化养殖是指在较小的场地内，投入较多的生产资料和劳动，采用新的工艺与技术措施，进行精心管理的饲养方式。

2.2 集约化畜禽养殖区

指距居民区一定距离，经过行政区划确定的多个畜禽养殖个体生产集中的区域。

2.3 废渣

指养殖场外排的畜禽粪便、畜禽舍垫料、废饲料及散落的毛羽等固体废物。

2.4 恶臭污染物

指一切刺激嗅觉器官，引起人们不愉快及损害生活环境的气体物质。

2.5 臭气浓度

指恶臭气体（包括异味）用无臭空气进行稀释，稀释到刚好无臭时所需的稀释倍数。

2.6 最高允许排水量

指在畜禽养殖过程中直接用于生产的水的最高允许排放量。

3. 技术内容

本标准按水污染物、废渣和恶臭气体的排放分为以下三部分。

3.1 畜禽养殖业水污染物排放标准

3.1.1 畜禽养殖业废水不得排入敏感水域和有特殊功能的水域。排放去向应符合国家和地方的有关规定。

3.1.2 标准适用规模范围内的畜禽养殖业的水污染物排放分别执行表3、表4和表5的规定。

表3 集约化畜禽养殖业水冲工艺最高允许排水量

种类	猪（立方米/百头·天）		鸡（立方米/千只·天）		牛（立方米/百头·天）	
季节	冬季	夏季	冬季	夏季	冬季	夏季
标准值	2.5	3.5	0.8	1.2	20	30

注：废水最高允许排放量的单位中，百头、千只均指存栏数

春、秋季废水最高允许排放量按冬、夏两季的平均值计算

表4 集约化畜禽养殖业干清粪工艺最高允许排水量

种类	猪（立方米/百头·天）		鸡（立方米/千只·天）		牛（立方米/百头·天）	
季节	冬季	夏季	冬季	夏季	冬季	夏季
标准值	1.2	1.8	0.5	0.7	17	20

注：废水最高允许排放量的单位中，百头、千只均指存栏数

春、秋季废水最高允许排放量按冬、夏两季的平均值计算

表 5　集约化畜禽养殖业水污染物最高允许日均排放浓度

控制项目	五日生化需氧量（毫克 / 升）	化学需氧量（毫克 / 升）	悬浮物（毫克 / 升）	氨氮（毫克 / 升）	总磷（以 P 计）（毫克 / 升）	粪大肠菌群数（个 / 毫升）	蛔虫卵（个 / 升）
标准值	150	400	200	80	8.0	10000	2.0

3.2 畜禽养殖业废渣无害化环境标准

3.2.1 畜禽养殖业必须设置废渣的固定储存设施和场所，储存场所要有防止粪液渗漏、溢流措施。

3.2.2 用于直接还田的畜禽粪便，必须进行无害化处理。

3.2.3 禁止直接将废渣倾倒入地表水体或其他环境中。畜禽粪便还田时，不能超过当地的最大农田负荷量，避免造成面源污染和地下水污染。

3.2.4 经无害化处理后的废渣，应符合表 6 的规定。

表 6　畜禽养殖业废渣无害化环境标准

控制项目	指标
蛔虫卵	死亡率 ≥ 95%
粪大肠菌群数	≤ 10^5 个 / 千克

3.3 畜禽养殖业恶臭污染物排放标准

集约化畜禽养殖业恶臭污染物的排放执行表 7 的规定。

表 7　集约化畜禽养殖业恶臭污染物排放标准

控制项目	标准值
臭气浓度（无量纲）	70

3.4 畜禽养殖业应积极通过废水和粪便的还田或其他措施对所排放的污染物进行综合利用，实现污染物的资源化

4. 监测

污染物项目监测的采样点和采样频率应符合国家环境监测技术规范的要求。污染物项目的监测方法按表 8 执行。

表 8　畜禽养殖业污染物排放配套监测方法

序号	项目	监测方法	方法来源
1	生化需氧（BOD_5）	稀释与接种法	GB 7488 － 87
2	化学需氧（COD_{cr}）	重铬酸钾法	GB 11914 － 89
3	悬浮物（SS）	重量法	GB 11901 － 89
4	氨氮（NH_3 － N）	钠氏试剂比色法 水杨酸分光光度法	GB 7479 － 87 GB 7481 － 87
5	总 P（以 P 计）	钼蓝比色法	（1）
6	粪大肠菌群数	多管发酵法	GB 5750 － 85
7	蛔虫卵	吐温－ 80 柠檬酸缓冲液离心沉淀集卵法	（2）
8	蛔虫卵死亡率	堆肥蛔虫卵检查法	GB 7959 － 87
9	寄生虫卵沉降率	粪稀蛔虫卵检查法	GB 7959 － 87
10	臭气浓度	三点式比较臭袋法	GB 14675

注：分析方法中，未列出国标的暂时采用下列方法，待国家标准方法颁布后执行国家标准。

(1) 水和废水监测分析方法（第三版），中国环境科学出版社，1989

(2) 卫生防疫检验，上海科学技术出版社，1964

5. 标准的实施

5.1 本标准由县级以上人民政府环境保护行政主管部门实施统一监督管理

5.2 省、自治区、直辖市人民政府标准

可根据地方环境和经济发展的需要，确定严于本标准的集约化畜禽养殖业适用规模，或制定更为严格的地方畜禽养殖业污染物排放标准，并报国务院环境保护行政主管部门备案。

参考文献

[1] 董红敏, 陶秀萍 . 畜禽养殖环境与液体粪便农田安全利用 [M]. 北京 : 中国农业出版社, 2009.

[2] GB/T 25171-2010, 畜禽养殖废弃物管理术语 [S]. 北京 : 中国标准出版社, 2010.

[3] 杨凤 . 动物营养学 [M]. 北京 : 中国农业出版社, 2004.

[4] 中国农业大学 . 家畜粪便学 [M]. 上海 : 上海交通大学出版社, 1997.

[5] Steinfeld H , Gerber P, Wassenaar T, et al. Livestock's Long Shadow. FAO, Italy. 2006.

[6] 冯定远 . 通过营养调控减少养猪生产的环境污染 [J]. 饲料工业, 2005,26 (13) : 1 ~ 4.

[7] 欧秀琼 . 从饲料因素减少畜禽排泄物对环境的污染 [J]. 畜牧与兽医 ,2008, 40(2): 54 ~ 56.

[8] 陶秀萍 , 董红敏 . 畜禽养殖废弃物资源的环境风险及其处理利用技术现状 [J]. 现代畜牧兽医 ,2009 (11) : 34 ~ 38.

[9] 张新民 . 陈永福 . 刘春成 . 全球有机农产品消费现状与发展趋势 [J]. 农业展望 ,2008(11): 22 ~ 25.

[10] 李远 . 我国规模化畜禽养殖业存在的环境问题与预防对策 [J]. 上海环境科学, 2002, 21 (10) : 597 ~ 599.

[11] 钱午巧等 . 建设生态能源, 促进良性循环 [J]. 中国生态农业适用模式与技术, 1995(9): 24 ~ 27.

[12] 卞有生. 生态农业中废弃物的处理与再生利用 [M]. 北京: 化学工业出版社. 2000.

[13] GB 18596-2001, 畜禽养殖业污染物排放标准 [S]. 北京 : 中国标准出版社, 2001.

[14] 徐洁泉. 规模畜禽场沼气工程发展和效益探讨 [J]. 中国沼气 ,2000,18 (4) : 27 ~ 30.

[15] 洪绂曾 . 农村清洁生产与循环经济 [J]. 中国人口、资源与环境 ,2008, 18(1):3 ~ 5.

[16] 孙永明 , 李国学 , 张夫道等 . 中国农业废弃物资源化现状与发展战略 [J]. 农业工程学报 ,2005,21(8):169 ~ 173.

[17] 邓良伟 . 规模化畜禽养殖废水处理技术现状探析 [J]. 中国生态农业学报 ,2006,14(2):23 ~ 26.

[18] 骆世明.论生态农业模式的基本类型[J]. 中国生态农业学报, 2009,17(3):405 ~ 409.

[19] 余慧国.规模化畜禽养殖场污水治理及资源化利用的研究[J].科技质询导报,2007,15:114.

[20] 翁伯琦,雷锦桂,江枝和等.集约化畜牧业污染现状分析及资源化循环利用对策思考[J].农业环境科学学报, 2010, 29 (3) :294 ~ 299.

[21] 潘学峰,付泽田,Burton C.H.发达国家畜禽废物处理技术与立法[J].农业工程学报,1995,11(3):108 ~ 113.

[22] 江立方,顾剑新.上海市畜禽粪便综合治理的实践与启示[J].家畜生态,2002,23(1):1 ~ 4.

[23] 卞有生.生态农业中废弃物的处理与再生利用[M]. 北京:化学工业出版社,2001,288 ~ 300.